成本书殿系列丛书

结构设计成本优化实战案例分析

（第一辑）

组织编写：克三关（上海）科技有限公司

丛书主编：胡卫波　赵　丰

本书主编：项剑波　罗　雷

中国建筑工业出版社

图书在版编目（CIP）数据

结构设计成本优化实战案例分析 . 第一辑 / 克三关
（上海）科技有限公司组织编写；项剑波，罗雷主编 . —
北京：中国建筑工业出版社，2023.8
（成本书殿系列丛书 / 胡卫波，赵丰主编）
ISBN 978-7-112-29001-7

Ⅰ . ①结⋯ Ⅱ . ①克⋯ ②项⋯ ③罗⋯ Ⅲ . ①结构设
计—成本控制—案例 Ⅳ . ① TU318

中国国家版本馆 CIP 数据核字（2023）第 144172 号

本书是继 2019 年出版的《建设工程成本优化》之后，通过实战案例来讲解成本优化的系列书籍。本着"三分技术、七分管理"的思想，作者选择了有代表性、有实用性、有复制性的若干案例进行全过程复盘与分析，并着重于在管理方法上的介绍和剖析，力求透过一个个普通的案例，揭示出在建设工程成本优化中的经验做法和出现过的问题。通过对案例作这样的描述和剖析，向读者展现为了做好企业降本增效，我们需要做哪些工作、如何去做这些工作、有什么可借鉴的经验和可以规避的教训。

责任编辑：高　悦　王砾瑶
责任校对：刘梦然
校对整理：张辰双

成本书殿系列丛书
结构设计成本优化实战案例分析
（第一辑）
组织编写：克三关（上海）科技有限公司
丛书主编：胡卫波　赵　丰
本书主编：项剑波　罗　雷
＊
中国建筑工业出版社出版、发行（北京海淀三里河路9号）
各地新华书店、建筑书店经销
北京点击世代文化传媒有限公司制版
北京市密东印刷有限公司印刷
＊
开本：787毫米×1092毫米　1/16　印张：13　字数：283千字
2023年12月第一版　2023年12月第一次印刷
定价：**69.00**元
ISBN 978-7-112-29001-7
（41720）

编写人员

丛 书 主 编：胡卫波　赵　丰

本 书 主 编：项剑波　罗　雷

本书副主编：谢　波　邹秀峰

参 编 作 者：赵　准　吴永荣　佘　龙　裴永辉

　　　　　　宋　科　张根俞　刘照强

审核专家

翟三强　钱钧珑　季更新　邓　辉　刘建波

陈　梅　袁满招　朱永惠　郑　帅　程　伟

组 织 编 写：克三关（上海）科技有限公司

编写人员介绍

胡卫波：丛书主编。现任克三关（上海）科技有限公司负责人。

赵　丰：丛书主编。著有《不负韶华》《成本管理作业指导书》《数据的智慧》《工程造价咨询作业手册》。现任上海市发改委下属咨询企业顾问总师、绿城管理产品学院教授。兼任皇家测量师学会（RICS）资深讲师，同济大学复杂工程管理研究院研究员。

项剑波：本书主编，负责本书组织和协调、审核和统稿，并是本书案例 1.1、1.3、2.3、2.5、3.1 的主要作者。《建筑设计成本优化实战案例分析（上册）》参编作者，《建设工程成本优化》参编作者。现任浙江某地产开发集团成本副总经理，思优集团荣誉专家，负责成本管控工作。

罗　雷：本书主编，负责本书出版策划和组织协调。高级工程师，一级建造师，一级造价师。

谢　波：本书副主编，负责本书案例 3.2、4.2 及《建筑设计成本优化实战案例分析（上册）》地库优化案例 4.2 的编审组织和协调。同济大学结构硕士，一级注册结构工程师，现任深圳市同辰建筑设计咨询有限公司董事长。曾先后就职于奥雅纳工程咨询有限公司，加拿大 AIM 亚瑞建筑设计有限公司等。

邹秀峰：本书副主编，负责本书案例 3.2、4.2 的编审工作，是本书案例 1.3、2.2 的主要作者，《建设工程成本优化》参编作者。先后就职于湖北拓展工程造价咨询公司、孝感鸿星投资有限公司、湖北交投孝感置业有限公司、湖北澴川国有资本投资运营集团有限公司，从事工程造价咨询、招标采购、成本管控等相关工作。

赵　准：本书案例 1.2 的主要作者，《建设工程成本优化》参编作者。现任职某绿色代建公司，负责代建业务。先后就职于中建系统、百强地产，长期从事成本管理工作。

吴永荣：本书案例 2.1 的主要作者。《建筑设计成本优化实战案例分析（上册）》主编、《房地产项目招标采购案例实录（上册）》主编、《装配式建筑施工与造价管理》主编、《装配式建筑全成本管理指南》参编作者。高级工程师，现任山东某地产公司成本管理部副总监。

余　龙：本书案例 2.4 的主要作者，《建设工程成本优化》参编作者。现任某设计单位结构专业负责人，负责结构设计及管理。

裴永辉：本书案例 3.1 的主要作者。《装配式混凝土建筑技术管理和成本控制》主编、《中国绿色建筑科技文库》第一卷"建筑产业卷"主编，参编国家规程《预制装配化混凝土建筑部品通用技术条件》、上海标准《装配式混凝土结构专项设计文件标志标准（框架结构）》。一级注册结构工程师，上海交通大学硕士。现任思优集团副总裁（联合创始人），上海思优建筑科技有限公司总经理。全国装配式建筑产业专家，绿促会建筑装配化委员会秘书长。

宋　科：本书案例 3.2 的主要作者。一级建造师，15 年建筑结构设计、优化、咨询、工程管理经验。现任深圳市同辰建筑设计咨询有限公司结构总监。

张根俞：本书案例 4.1 的主要作者。工学博士，国家一级注册结构工程师，享受教授、研究员待遇的高级工程师，参与制定国家标准图集（14G330）。先后就职于中国建筑设计研究院、碧桂园，负责项目设计全过程管理和相关技术标准制定、宣贯等工作。

刘照强：本书案例 4.2 的主要作者。一级注册结构工程师。现任深圳市同辰建筑设计咨询有限公司技术总工程师。

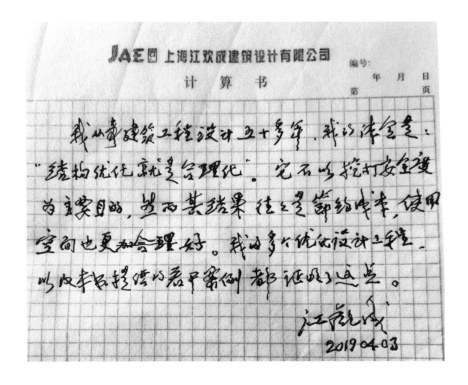

　　我从事建筑工程设计五十多年，我的体会是："结构优化就是合理化"。它不以挖掘安全度为主要目的，然而其结果往往是节约成本，使用空间更好。我的多个优化设计工程，以及本书提供的若干案例都证明了这点。

江欢成

中国工程院院士

上海东方明珠塔设计总负责人

为了不断地提高建筑产品的性价比，提升建设项目管理的精益化水平，大多数项目业主越来越关注和大力支持、努力尝试和极力推进各管理环节的成本优化。越来越多的设计师、工程师和造价师等专业人士开始关注和学习成本优化，以提升职场竞争力和专业贡献。

现在我们有文章、书籍，也有课程讲解成本优化，但试图系统性地说清楚成本优化应该怎么做却非易事。受张钦楠前辈为《建筑结构设计优化案例分析》这本书所写的序"将结构优化进行到底"之"优化设计，与其把重点放在建立数学模型上，不如放在积累成功解决问题的案例上"的启发，我们在《建设工程成本优化》中作了一次尝试后，终于开始了系统性地做这件事——积累成功或不成功的成本优化案例。这是成本优化案例系列丛书的出版初衷。

这一系列丛书，围绕"做好成本优化，提质降本增效"这个主题，总结和分析了建设项目中主要专业工程的优化案例实践，形成这一册一册围绕成本优化的案例类知识。这些知识可以供房地产开发、代建、总承包、全过程咨询、勘察和设计、优化咨询和设计管理咨询等企业和从业者参考，以期在更多的企业、更多的项目中推广成本优化，实现资源利用价值最大化，助力建设项目的提质降本增效，在工程建设领域减排事业上贡献我们的专业价值。

这一系列丛书，主要包括案例分析、管理指引、案例复盘三大子系列。案例分析子系列，按案例所属专业划分为建筑、结构、综合机电、内装、室外总体、装配式建筑、成本招采管理等，每个专业分册计划出三册，每册平均十二个案例。三大子系列和七大专业分册，以时间优先原则按实际写作进度安排出版。邀请亲爱的每一位读者从"一睹为快"变成"一写为快"，邀请像深圳同辰、上海始信、上海思优一样的企业与我们合作，一起编写某一个专业分册，或直接赞助或购买使用我们的培训、咨询产品，互惠互利、合作共赢。

这一系列丛书的每一册书中，前文是使用说明，正文是案例。在前文中，每册书的主编像介绍自己的孩子一样介绍这本书，他有什么特点和特长，如何能发挥他的最大价值。在正文中，每一位作者按统一的格式写作，力图以相同的内容组织结构、不同的文字表述风格来呈现自己的作品。尽管每一篇案例的最后都有经验和教训总结，但俗话说得好"当局者迷，旁观者清"，各位亲爱的读者有更宏大的视野、有更独特的视角、有更深刻的理解，从而看到不同的可取或不足之处。

成本，是对象；而优化，是我们每一位专业人士对专业的极致追求。在激烈的市场竞争环境下，能否以较低的成本完成业主的需求，实现成本优势领先，从而争取更高的利润，是企业生存与发展的重要因素，也是企业项目管理的目标。做成本优化，优化的是资源的配置，通过进行多方案比较来选择更优的那个方案，经过优化后的资源配置越来越接近地尽其力、才尽其能、人尽其才，这符合价值工程原理中提高价值的理念。做成本优化，练习了我们对资源配置和使用的能力，久而久之，培养了一种在多种可能性中选择最优、对工作精益求精的思维方式，有益于企业。这种思维方式也必然会不由自主地运用到我们的工作之外、生活之中，就如同做成本、做会计的人大多也都有货比三家、精打细算的生活习惯一样，做成本优化更有益于个人，给自己多一种选择的思维方式，也将可能会更新我们的生命。

优化，无止境！一项技术或管理方案，只有在特定约束条件中的最优，而没有绝对的最优。管理和技术在进步，新的管理和技术为优化提供了武器，而优化案例的实践又为创新管理和技术研发、进步提供了弹药。一个相同的专业工程，通过优化能为企业降本增效多少可能没有止境，如同"时间就像海绵里的水，只要愿挤，总还是有的"一样一直存在可能性。一个相同的专业工程，哪些方面可以被优化可能也没有止境，我们想让什么改变现状而变得更好，那么就可以去关注它、优化它，优化我们的治理体系、管理构架、制度流程、开发方案、设计方案、招标方案、生产工艺、施工组织方案甚至于一个统计表和一个会议纪要模板……

万事互相效力。感恩每一位读者，因为您的学以致用和先学后用或边学边用，我们的这些作品将变成经受市场检验的、有生命力的产品；也将因为您的不耻下问和尊贤爱物，我们的理想有很大的可能真的会实现。感恩每一位主编，因为您的不厌其烦地说服和以身示范，您的身边人终于开始写案例总结；因为您的身体力行和愿作文员的态度，每一篇案例得以修改很多次后终成作品。感恩每一位作者，因为您的怦然心动和一句"想了解一下"的微信留言，便把不可能变成了可能；因为您的坚持不懈和一句"我抽时间再改一改"的回复，就让一幅作品跃然纸上。感恩每一位审核专家，在极短的时间内为我们的拙著进行样品审核，或提出全书策划上的大问题，或提出设计专业上不严谨表述的问题，或提出错别字和标点符号等细节问题，还要为尚存的问题背负审核之名的压力。万事互相效力，每一份付出，时间都会公平地丈量。

专业分享、提升自己、惠及同行——这十年，地产成本圈秉承这一发展理念，从发表工作心得、经验总结、案例分析，到我们近几年转向出版纸质书籍，经历了成本优化、装配式建筑全成本管理、招标采购案例分析这三个主题，最终我们聚焦到"提质降本增效"这一核心主题上。时值地产成本圈创建十周年，我们启动这一个可望达到三十册的丛书出版计划，纪念我们坚持写总结、坚持分析、坚持只聊专业的十年光阴，继续我们边学习、边工作、边总结、边分享的好习惯。希望不负我们的专业，不负给我"饭碗"的工程建设行业，不负我们最宝贵的时间。

为自己、为工作、为专业，忘记背后，努力面前，向着标杆直跑！

丛书主编　胡卫波

2023 年 5 月 20 日

　　许多业内大咖预判，房地产的下半场将重新回归到比拼品质的正轨。

　　保持产品竞争力的同时如何具备成本竞争力，让企业可持续、良性发展，这成为大部分公司和职业经理人的难题。这一难题也一直困扰着编者，直到在一次培训课程学习到"严控结构性成本，满足功能性成本，适度提升客户敏感性成本"的观点，顿时感觉豁然开朗。购买和使用产品的客户最有发言权，一切从客户的视角出发，才能找准提升品质与降低成本的平衡点。

　　2021年之前，成本优化因涉及设计、成本、工程三大职能专业知识，相对复杂，一般只作为可选项、加分项，依靠优秀的复合型人才来推动落地。而能否独立推动项目完成成本优化，成为部分标杆企业评判成本经理优秀与否的标准。编者在阳光城浙江区域工作期间，就因为主导合作项目的成本优化落地，提高项目利润率，受到过区域表彰。编者自享受了成本优化带来的成果后，清晰了后续个人的职业发展目标，重心从目标成本控制调整为项目利润率控制，以期能为企业作出更多贡献。

　　2021年以来，房地产开发行业进入"寒冬期"，开发管理也进入深水区。"从设计降成本，向管理要效益"越来越受到企业重视，降本增效措施成为行业主流选择。成本优化在成本管理体系内由加分项、可选项逐渐升级为必选项。

　　2019年，编者有幸参与《建设工程成本优化》编写，在该书出版后曾收到读者的反馈，根据书中案例"依葫芦画瓢"，就帮项目"优化"了几百万元的成本。现在我加入成本优化实战案例系列丛书编写团队，承担本书的主编责任。与参编作者身份最大的不同是，不仅要复盘优化案例的关键点，而且要通盘考虑以下内容：

　　一、编制提纲并选题，协调参编作者根据统一写作格式进行写作，以更好的阅读体验感讲述案例中的经验和教训。

　　二、根据各位参编作者的写作时间，来统筹制定整册书十二个案例的写作计划，实时跟进写作进度并纠偏，保障按时交稿、按时出版。

三、对于作者提交的各个版本的稿件进行审核，每一篇案例平均修订七～八稿，以期让案例的逻辑更清晰、表达更准确，突出管控动作要点，尽最大可能使案例中的经验总结具有可复制性和操作性。

知识掌握的一般过程是这样的七个阶段：知道→理解→掌握关键点→开展行动→熟练行动→产出成果→稳定产出成果。本书通过各位参编作者的亲身经历，复盘每一个案例优化过程中的管理动作要点、技术要点、推动优化关键人物等要素，让读者能更好地"依葫芦画瓢"，推动项目成本优化工作往前进，期望本书能够给读者带来更大的收获。

本书是继《建设工程成本优化》之后，地产成本圈精心策划的优化案例系列丛书的首批出版书籍，涵盖了岩土工程、结构工程两大类需要严格成本控制的对象。本书分为四章，共收集十二个案例。累计降本金额 1.8 亿元，降本比例 22%，折合销售面积单价为 89 元 /m^2。为便于读者按需要查阅案例，我们编写了案例汇总表。

本书涵盖了过程优化和结果优化两类案例，涵盖了不同的优化实施主体：建设单位、施工单位、设计单位、第三方优化咨询单位等单位完成的优化案例。经过各位作者的深入挖掘、复盘成功优化案例的关键点及优化全过程管理动作，深入全面地向读者展示了各类优化实施途径、技术要点、管理手段，让读者深入理解结构性成本的优化管控要点，并容易应用于工作实践中，为企业的降本增效贡献专业力量。也通过复盘失败案例的主要原因，让读者能提前规避在成本优化工作中的雷区，减轻职业风险。

感谢中国建筑工业出版社的大力支持，感谢副总编辑范业庶先生在出版立项前期就为我们的书提出了宝贵的意见，让成本优化案例系列丛书更有系统、更有生命。感谢王砾瑶编辑一直以来的积极协调和及时响应，让这个过程中出现的大小问题都得到了及时地化解，得以按期出版面市。

每一位参编作者都甘做引玉之砖，每一篇案例都愿做垫脚之石，书中的差错和不足恳请读者给予批评指正。您经历过的或正在经历的优化案例，恳请适时赐稿分享，我们一起把成本书殿系列丛书写得更充实、写得更好。

出于脱敏的需要，案例所对应的项目信息和技术经济数据均已经过处理，如有雷同，纯属巧合。

加入作者团队，或加入读者交流互助群，联系方式是：微信号 17317259517。

本书主编　项剑波

2023 年 5 月 20 日

目 录

CONTENTS

《结构设计成本优化实践案例分析（第一辑）》

案例汇总表

编号	案例标题	属性		何时做?			谁来做?				降本单价（元/销售面积）	降本金额（万元）	降本比例
		城市	时间	事前	事中	事后	开发商	总承包	设计方	第三方			
	合计			17%	33%	50%	50%	17%	8%	25%	89	20173	19%
第1章 基坑与支护工程													
1.1	台州某住宅项目基坑支护设计方案优化	浙江台州	2018年		✓		✓				61	690	52%
1.2	西安某住宅项目基坑支护设计方案优化	陕西西安	2018年			✓	✓				77	213	87%
1.3	仪征某城市综合体项目基坑支护招标方案优化	江苏仪征	2021年			✓		✓			52	575	38%
第2章 地基处理与桩基础工程													
2.1	济南某住宅项目桩基优化为孔内深层强夯	山东济南	2020年			✓		✓			11	297	29%
2.2	昆山某住宅项目桩基优化为劲性复合桩	江苏昆山	2019年		✓				✓		33	1091	26%
2.3	台州某住宅项目桩基结合地质勘察优化	浙江台州	2018年		✓		✓				75	850	22%
2.4	仙桃某高层住宅项目管桩与灌注桩方案比选	湖北仙桃	2017年	✓			✓				3	41	11%
2.5	杭州某高层住宅桩基优化负面案例复盘及桩基选型要点总结	浙江杭州	2018年			✓	✓				-198	-1453	-105%
第3章 地下结构工程													
3.1	温州某高层住宅地下室结构方案选型优化	浙江温州	2021年	✓						✓	87	865	6%
3.2	哈尔滨某超高层综合体地下室结构高位优化	黑龙江哈尔滨	2019年		✓	✓				✓	379	13522	30%
第4章 地上结构工程													
4.1	廊坊某酒店式公寓上部结构设计优化	河北廊坊	2019年			✓	✓				95	2509	9.7%
4.2	长沙某超高层公寓式办公楼上部结构优化	湖南长沙	2019年			✓				✓	101	973	10.6%

第 1 章

基坑与支护工程

基坑支护工程一般包括支护和降水止水两大内容，主要承担三大作用：保证基坑四周土体的稳定性，为土方开挖和地下室施工提供条件；保证基坑四周相邻建筑物和地下管线等设施在基坑支护和地下室施工阶段不受损害；通过截水、降水、排水等措施，保证基坑工程施工作业面在地下水位以上。

基坑支护工程基本特点有三项，一是多属临时性工程，一般不构成工程实体，对于业主方而言是属于投入而无利润回报的成本；二是身处地下，影响因素多，受力复杂，技术性较强，安全度的随机性大、安全事故的后果严重；三是因岩土的区域特性而具有地域性强、差异大的特点，当地专家的专业意见对成本影响较大。

基坑支护工程的成本优化，一般是在经济性与安全性的天平之间选择一个平衡点，这个平衡点选择得好，安全且花费少，选择得不好，花费多或引发安全事故。"安全可靠、经济合理、施工便利"是基坑设计的三大原则，三者之间安全优于工期，工期优于经济。

【案例1.1】列举的是浙江省台州某住宅项目基坑支护设计方案优化案例，该案例的特点是属于合作项目，项目工程部出于对周边项目基坑事故的警惕，过于强调设计方案的安全性，导致设计单位初稿设计时过于保守。优化工作在保证安全的前提下开展，充分结合工程场地情况选用当地常用基坑支护类型，对设计富余量进行合理压缩，降低成本，缩短工期，优化设计结果符合项目整体利益最大化目标。降低成本690万元，降低率52%。

【案例1.2】列举的是陕西省西安某住宅项目基坑支护设计方案优化案例，该案例的特点是属于收购项目，项目转让方在场地南侧段有遗留的深坑及部分支护桩，原设计方案不经济的主要原因在于没有利用原遗留的已施工支护桩。成本部在充分了解和现场踏勘后推进设计方案优化，取消了原设计方案的全部支护桩、冠梁、锚索、钢支撑，达成了降本的目标。降低成本213万元，降低率87%。

【案例1.3】列举的是江苏省仪征某城市综合体项目基坑支护招标方案优化案例，该案例属于合作项目，设计、工程职能由合作方负责，合作项目的优化往往会有更多阻力和需要付出更多的努力。本案例的优化过程历经了技术层面的设计方案优化未果后，改用管理层面的招标方案优化来实现优化设计、控制成本的目标。降低成本575万元，降低率38%。

【案例 1.1】

台州某住宅项目基坑支护设计方案优化

一般情况下，基坑支护优化类型主要有以下四类：①支护类型选型优化；②设计招标时采用带方案报价的形式招标；③带施工方案总价包干招标；④精细化设计。本案例属于上述①、④两种情况。

本案例原设计方案不经济的表象在于所有部位都是一个设计方案，这种没有结合工程场地实际情况的设计方案一般都是不经济的。按图估算金额超出目标成本约 48%，也验证了设计方案超出当地基坑支护成本的平均水平。

项目合约部通过与项目设计部、工程部和区域职能部门沟通和协同，积极推进设计方案的优化和精细化设计，降低成本 52%，并将成本控制在目标成本范围内（详见表 1.1-1）。开展的工作包括：调研周边类似工程的设计方案，考察当地常用的基坑围护方案，充分调查项目地块的周边情况和充分利用场地特点，因地制宜地制定设计优化方案，对不同地段选择合适的设计方法和支护方案。并在优化方案实施中加强风险管理，规避因设计优化释放部分多余的安全余量而导致的各类管理性风险。

优化前后对比简表 表 1.1-1

对比项		优化前	优化后	优化效果
成本指标	总成本（万元）	1334	644	减少 690（52%）
	按延长米（元 /m）	14986	7229	减少 7757（52%）
	按支护面积（元 /m²）	3747	1809	减少 1938（52%）
技术方案	支护桩选型	①二级放坡素混凝土喷射。②水泥搅拌桩止水帷幕＋钻孔灌注桩悬臂支护桩。③五排水泥搅拌桩重力式挡墙。④钢筋混凝土内支撑	①一级放坡素混凝土喷射。②局部 3 排水泥搅拌桩挡墙。③水泥搅拌桩止水帷幕＋钻孔灌注桩悬臂支护桩，部分剖面调整为拉森钢板桩。④钢筋混凝土角撑	水泥搅拌桩工程量减少 62%，钻孔灌注桩工程量减少 73%，冠梁工程量减少 80%

1. 基本情况

1）工程概况（表 1.1-2）

工程概况表　　　　　　　　　　　　　　　　　　　　　表 1.1-2

工程地点	浙江省台州市
开竣工时间	2018 年 4 月—2020 年 6 月
物业类型	刚需型小高层住宅
项目规模	15 幢小高层，地下室为 1 层； 总建筑面积 14.4 万 m²，其中：地下室 3.06 万 m²
基本参数	地下室为 1 层，开挖深度为 4m 左右； 开挖基坑安全等级为二级； 支护周长约 890m，支护面积约 3560m²
土质特征	软土地基，开挖深度范围内土层为①₀层杂填土、①₁层粉质黏土和②₁层淤泥。①₀层为强透水性土；①₁层为微透水性和不透水性土；②₁层为淤泥，流塑状，强度低，自立能力较差，开挖时易坍塌
工期安排	围护施工到拆除，约 4 个月
挖土工况	使用 12t 载重汽车，每天出土量约 1500m³
堆场	钢筋笼加工场地、支模架堆场设置在围护边坡外的幼儿园位置

　　本项目属于软黏土地基中的基坑工程，处理土压力的问题是关键。围护结构的位移是产生周边土体沉降的主要原因，采取措施减小围护结构位移可有效减小基坑扰动对周围环境的影响。

2）主要限制条件

　　（1）该项优化时间须控制在 2 个月内（含春节放假时间）。按项目运营全景计划，2018 年 4 月 16 日需要办理桩基施工许可证。2018 年 2 月 5 日，设计院提供基坑设计方案初稿，按常规预留图纸会审时间 7 个工作日，优化工作须在 2018 年 4 月 2 日之前完成才能不耽误现场施工进度。

　　（2）基坑支护设计单位是单独招标确定的单位，宁波市岩土工程有限公司，配合建设单位优化的积极性较高。

　　（3）在设计图纸优化工作完成后，基坑支护与桩基础工程合并为一个标的进行招标投标与施工。

　　（4）作者是房地产公司项目成本经理，负责组织完成该项优化工作。

3）偏差分析

（1）基坑支护初稿设计方案和估算

2018 年 2 月 5 日，设计院提供了基坑支护设计方案初稿。项目合约部当天安排预算人员进行成本测算。经测算，设计方案初稿对应的造价约 1334 万元，折合每延米 14986 元，每支护面积 3747 元，估算明细详见表 1.1-3。

基坑支护工程造价估算表（优化前）　　　　表 1.1-3

序	名称	单位	数量	单价	合价	每延米（元/m）	每支护面积（元/m²）
1	水泥搅拌桩	m³	27355	210	5744683	6455	1614
2	钻孔灌注桩	m³	3253	1100	3577968	4020	1005
3	桩钢筋笼	t	194	5637	1096113	1232	308
4	凿桩头	个	900	122	110139	124	31
5	喷射混凝土	m²	9671	88	849808	955	239
6	冠梁、支撑梁	m³	1552	460	714105	802	201
7	冠梁、支撑梁钢筋	t	159	5685	905058	1017	254
8	格构柱	t	9	6812	60627	68	17
9	排水沟、排水井	m³	283	533	150724	169	42
10	模板	m²	2583	50	128518	144	36
合计					13337744	14986	3747

（2）与目标成本的对比分析

目标成本 700 万元是按"放坡素混凝土喷射＋拉森钢板桩"方案编制，每延米 7865 元，初稿方案超目标成本 634 万元，超出 90%。详见表 1.1-4。

目标成本与初稿设计方案对比表　　　　表 1.1-4

对比项	基坑支护类型	总价（万元）	单价指标（元/延米）	备注
目标成本	放坡素混凝土喷射＋拉森钢板桩	700	7865	
设计方案初稿	二级放坡素混凝土喷射＋五排水泥搅拌桩重力式挡墙＋钻孔灌注桩围护墙＋钢筋混凝土内支撑局部位置加强等组合围护结构	1334	14986	
偏差（初稿设计方案估算－目标成本）		634	7121	超出 90%

4）超目标成本的原因分析

经分析，设计方案初稿估算超目标成本的主要原因有以下两项：

（1）项目工程部出于对周边项目基坑事故的警惕，强调设计方案的安全性，设计单位过于保守。

周边某项目出现基坑支护坍塌的事故后，相关管理部门勒令停工整改接近3个月，导致工程节点延误。鉴于此，项目工程部提出了口头要求，而后设计院提供的初稿方案安全系数偏大，过于保守。

为了打消项目工程部的顾虑，项目合约部详细调研该项目基坑坍塌原因，发现是施工原因，是对现场施工的管控不到位导致。施工单位为图施工方便省事，未按基坑支护设计图纸中设置的材料堆场位置来堆放材料，而擅自将工程材料堆放在基坑边坡位置，导致基坑边坡荷载过大，产生了基坑坍塌，并不是设计激进原因（图1.1-1）。邀请双方工程人员沟通交流后，打消了工程部对设计方案优化的顾虑，工程部同意在保障安全性的前提下对支护方案进行优化。

图 1.1-1　项目周边地块划分区位图

（2）设计院未结合工程场地的特点，因地制宜地进行差异化设计，而是按一个标准方案进行设计，从而导致个别区域的安全度富余过多，成本偏高。

基坑支护类型按设计方法可以分为两类（详见表1.1-5），适用情况不一样，造价水平也不一样，经济合理的设计方案应根据项目现场环境进行选择。

基坑支护类型（按设计方法分类）　　　　　　　　　　　表 1.1-5

序	设计类型	基坑支护的种类	每延米造价水平
1	按稳定性控制兼顾位移控制	放坡、土钉墙、钢板桩、水泥搅拌桩	较低
2	严格按位移控制	旋喷锚杆、SMW工法桩、钻孔灌注桩、双排桩门架、内支撑、高压旋喷桩、地下连续墙	较高（除旋喷锚杆外）

2. 优化过程与结果

本项目的基坑支护工程在保证安全的前提下，结合工程场地优势，对设计富余量进行合理压缩，该放大的放大，该缩小的缩小，进行设计方案的优化和精细化，降低成本，缩短工期，优化设计结果符合项目整体利益最大化目标。

优化后的设计方案经过专家论证和图纸会审后，基坑支护总价约 643 万元，每延米造价为 7229 元 /m，在台州当地已达到合理先进水平。较原方案降低 690 万元，降低约 52%，将成本控制在目标成本范围内。如表 1.1-6 所示。

最终优化成果　表 1.1-6

优化前			优化后			降低	
总价（元）	每延米（元 /m）	每支护面积（元 /m²）	总价（元）	每延米（元 /m）	每支护面积（元 /m²）	金额（元）	比率
13337744	14986	3747	6433614	7229	1807	6904130	52%

整个优化过程，包括三个节点，如表 1.1-7 所示。

成本优化全过程明细表　表 1.1-7

优化节点	优化方案后	专家论证增加	图纸会审优化	优化后金额合计
基坑成本（元）	6125494	745398	−437279	6433614

1）先进行公司内部沟通，协调一致

（1）内部沟通一致，获得区域和项目双重支持

2018 年 2 月 7 日，项目合约部在完成上述分析后，与项目工程部、设计部、设计院进行初步沟通，确定优化方案具备可行性，可在保证安全的前提下压缩设计余量、降低成本，符合项目公司利益。遂向区域合约管理部进行汇报，确定需要进行设计优化。

项目合约部正式汇报项目总监，说明了设计优化在技术上可行，不影响招标节点，且有利于项目工程进度。确定了设计优化的原则，即在保证安全的前提下合理地压缩设计余量，以尽可能降低无效成本。

（2）走访调研周边类似项目的基坑设计方案

2018 年 2 月 7 日，项目合约部走访周边类似业态项目，收集到了 3 个项目的地质勘察报告和基坑支护施工图纸。通过深入研究这三个项目的设计方案和本地区的常用支护形式，初步确定优化方案。

（3）召开设计讨论会，确定优化方案

2018年2月8日，项目公司召集区域设计部、设计院、项目工程部一起开会讨论设计优化方案。通过详细了解设计所依据的规范，并向设计院介绍当地其他同类项目的做法，分析了优化设计可以为项目进度和成本带来的收益，得到了设计院的理解和支持。

2）确定优化降本主要思路

（1）结合场地不同部位的特点，进行多方案比选

结合调研情况和浅基坑支护方案选择的优先级，按项目场地周边情况，对项目支护方案分区位分析如下：

①2部位：有靠近民房处和远离民房处两种不同情形，应分段考虑支护方案：

a. 未靠近民房处，支护方式对其影响较小，按稳定性控制，建议选择安全性、经济性兼顾的支护方式；

b. 距离民房、水务公司20m处，支护方式对其影响大，严格按位移控制，建议选择安全系数高的支护方式。

②3部位（已拆迁地块）：因支护方式对其影响小，按稳定性控制，建议选择经济性好的支护方式。

③4部位（靠近山体及规划道路）：因支护方式对其影响较小，按稳定性控制，建议选择安全性、经济性兼顾的支护方式。

④5部位（安置房）：与地块相隔50m，距离较远，因此支护方式对其影响较小，按稳定性控制，建议选择安全性、经济性兼顾的支护方式。

（2）精细化设计

2018年2月23日，项目合约部会同设计部、工程部根据规范要求、材料市场真实情况、周边其他项目施工图实施情况，制订基坑工程精细化设计要求，主要内容如下：

基坑工程精细化设计要求

①素混凝土喷射规范要求厚度为100mm/80mm，设计图纸内按80mm厚设置。

②坡顶位置喷射混凝土宽度常规设置为1m，可调整为0.5m。

③钢筋网 $\phi6.5mm@200mm$ 双向钢筋，因市场钢筋规格 $\phi6.5mm$ 已改为 $\phi6mm$，调整为 $\phi6mm@200mm$ 双向钢筋，降低钢筋重量。

④钢板桩应进入持力层，软土地基的桩长插入比一般按地库埋深的2倍计算。在浙江省建筑材料市场上常见的钢板桩尺寸为9、12、15m，如4m的地库可以选择9m的钢板桩，5m的地库选择12m的钢板桩，7m的地库选择15m的钢板桩。

⑤对钢板桩腰梁的规格进行控制，满足计算要求即可，减少型材租赁费用。

⑥水泥搅拌桩空搅部分的水泥掺量规范允许按标准段的 50% 设置，如双轴搅拌桩标准段水泥掺量为 12%～15%，空搅部分水泥掺量按标准段水泥掺量下限 12%×50% 计取 6%，满足规范要求即可。

⑦靠近基坑边的坑中坑（电梯井）位置的水泥搅拌桩通常可以由 3 排优化为 2 排，一层地库地块中间部位的坑中坑水泥搅拌桩可以取消，改为放坡式开挖。

⑧重点部位要计算水泥搅拌桩加固支墩的排数设置是否过多，可以优化减少；非重点部位的被动区加固支墩可取消。

⑨4～5m 挖深基坑，在抗裂弯矩满足的情况下可使用管桩代替钻孔灌注桩，须设计院计算可行性。

⑩4～5m 挖深基坑常规采用钻孔灌注桩孔径 600～700mm，10m 挖深基坑常规采用钻孔灌注桩孔径 800～900mm。

⑪钻孔灌注桩孔径 600mm 常用间距为 950mm，孔径 700mm 常用间距 1050mm，孔径 800mm 常用间距为 1150mm，在计算通得过的情况下，间距还能加大。

⑫围护钻孔灌注桩钢筋笼按通长配置，桩底部 1/3 桩长可按桩上部 2/3 桩长钢筋数量的一半进行配置。

3）实施优化

（1）支护桩型的施工质量、工期比选

2018 年 2 月 23 日，项目合约部对基坑支护桩类型的施工速度、综合单价、质量进行对比分析，详见表 1.1-8。

优化前后的方案对比

表 1.1-8

序	对比项	设计方案初稿	优化后方案（专家论证前）
1	桩型	钻孔灌注桩、水泥搅拌桩	松木桩、拉森钢板桩
2	工期	养护时间久	施工快速（详见图 1.1-2）
3	质量	水泥搅拌桩过多，搅拌桩偷工减料现象普遍，质量难以保证	拉森钢板桩质量可控，防护重点部位才使用水泥搅拌桩、钻孔灌注桩
4	造价	钻孔灌注桩 10045 元／延米，双轴水泥搅拌桩 1775 元／延米	拉森钢板桩 4200 元／延米（图 1.1-3）

15m 桩长每天施工速度对比

（根）

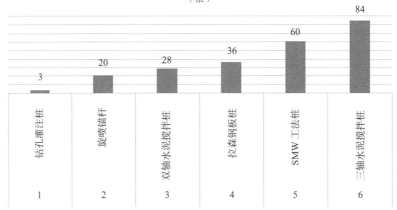

图 1.1-2　不同桩型施工速度对比

单层地下室常用支护每延米造价

（元 / 延米）

图 1.1-3　不同桩型综合单价对比

总体方案如图 1.1-4 所示。

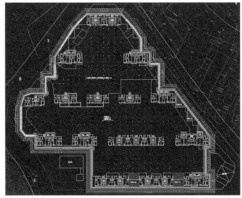

图 1.1-4　总体方案图

（2）因地制宜地制订分区优化方案

2018年3月8日，经与设计院多轮沟通后，设计院提供了优化后的设计方案。新方案结合项目地块周边情况，充分利用场地特点，结合出土道路、塔式起重机位置、材料堆场等因素后重新设计。优化前后的方案对比详见表1.1-9。水泥搅拌桩如图1.1-5所示。

不同区域的基坑优化方案汇总表　　　　　　　　　　　　表1.1-9

序	优化部位/项目	设计院方案	优化后方案
1	区位图2部位场地东面未靠近民房处	二级放坡素混凝土喷射、5排水泥搅拌桩挡墙+钻孔灌注桩	一级放坡素混凝土喷射、拉森钢板桩
2	区位图2部位场地东面（红线外侧20m）靠近民房处	二级放坡素混凝土喷射、5排水泥搅拌桩挡墙+钻孔灌注桩	一级放坡素混凝土喷射、3排水泥搅拌桩挡墙
3	区位图2部位场地东面最不利点	二级放坡素混凝土喷射、5排水泥搅拌桩挡墙+钻孔灌注桩	ϕ600mm水泥搅拌桩止水帷幕、钻孔灌注桩挡墙、5排水泥搅拌桩加固墩局部加强
4	区位图3部位场地北面处已拆迁地块	二级放坡素混凝土喷射、5排水泥搅拌桩挡墙+钻孔灌注桩	一级放坡素混凝土喷射、拉森钢板桩
5	区位图3部位场地北面处集水井/电梯井紧邻坑边位置	二级放坡素混凝土喷射、5排水泥搅拌桩挡墙+钻孔灌注桩	一级放坡素混凝土喷射、拉森钢板桩、钢内支撑
6	区位图4部位场地西面靠近山体、靠近环山北路处	二级放坡素混凝土喷射、5排水泥搅拌桩挡墙+钻孔灌注桩	一级放坡素混凝土喷射、ϕ600mm水泥搅拌桩止水帷幕、ϕ600mm钻孔灌注桩、4排ϕ600mm水泥搅拌桩加固墩局部加强，靠近环山北路局部采用混凝土角撑
7	区位图5部位场地南面距离安置房小区50m处	二级放坡素混凝土喷射、5排水泥搅拌桩挡墙+钻孔灌注桩	二级放坡素混凝土喷射、坡脚松木桩加固
8	坑中坑（电梯井）	3排水泥搅拌桩	2排水泥搅拌桩
9	水泥搅拌桩空搅部分水泥掺量	空搅部分水泥掺量7.5%	空搅部分水泥掺量6%

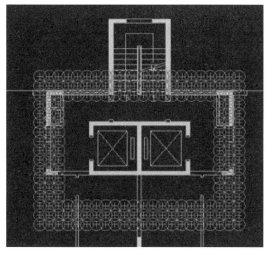

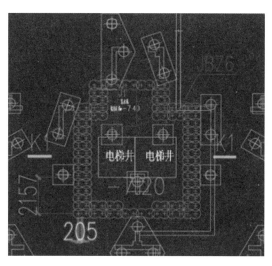

（a）3排水泥搅拌桩　　　　　　　　　（b）2排水泥搅拌桩

图1.1-5　水泥搅拌桩

（3）对优化方案进行可行性分析

项目合约部从技术、施工、进度、合规性、经济性、接受度等角度出发，综合评估本次优化具备可行性。详见表 1.1-10。

优化的可行性分析表   表 1.1-10

序	问题	回复	结果
1	技术可行性如何？	结合场地特点设计在业内广泛应用，且该城市有拉森钢板桩的实施案例	可行
2	施工可行性如何？	拉森钢板桩质量比水泥搅拌桩、钻孔灌注桩可控	可行
3	经济合理性如何？	拉森钢板桩施工周期控制在 8 个月内，造价比钻孔灌注桩经济	合理
4	法律合规性如何？	当地规定基坑支护施工不得超红线进行，本次优化不考虑预应力锚索支护形式	合规
5	进度达成性如何？	拉森钢板桩施工进度每台机械 1d 可施工 540m；钻孔灌注桩每台机械 1d 可施工 45m；拉森钢板桩施工速度是钻孔灌注桩的 12 倍	合理
6	政治接受度如何？	在保证安全的前提下合理压缩设计余量、降低成本，获得区域合约管理部及项目总支持	可行
	综合评估	可行	

（4）优化结果

2018 年 3 月 9 日，按优化后方案测算造价为 613 万元，较原方案降低成本 54%。优化前后的工程造价对比，详见表 1.1-11。

优化前后基坑支护造价对比表   表 1.1-11

序	名称	单位	单价（元）	优化前（万元）		优化后（万元）		节约（万元）	
				工程量	总价	工程量	总价	金额	比率
1	水泥搅拌桩	m³	210	27355	574	10324	217	358	62%
2	钻孔灌注桩	m³	1100	3253	358	880	97	261	73%
3	桩钢筋笼	t	5637	194	110	79	45	65	59%
4	凿桩头	个	122	900	11	0	0	11	100%
5	喷射混凝土	m²	88	9671	85	5251	46	39	46%
6	冠梁、支撑梁	m³	460	1552	71	308	14	57	80%
7	冠梁、支撑梁钢筋	t	5685	159	91	50	28	62	69%
8	格构柱	t	6812	9	6	6	4	2	38%
9	排水沟、排水井	m³	533	283	15	283	15	0	0
10	模板	m²	50	2583	13	830	4	9	68%
11	拉森Ⅳ钢板桩租赁 4 个月（含打和拔）	t	1800	—	0	737	133	−133	—
12	松木桩	m	33	—	0	3102	10	−10	—
	合计			—	1334	—	613	721	54%

表 1.1-12 是优化后的工程造价明细表。

序	名称	单位	数量	单价（元）	合价（元）	每延米（元/m）	每支护面积（元/m²）
1	水泥搅拌桩	m³	10324	210	2168066	2436	609
2	钻孔灌注桩	m³	880	1100	967450	1087	272
3	桩钢筋笼	t	79	5637	446201	501	125
4	拉森Ⅳ钢板桩租赁4个月（含打和拔）	t	737	1800	1325700	1490	372
5	喷射混凝土	m²	5251	88	461456	518	130
6	冠梁、支撑梁	m³	308	460	141666	159	40
7	冠梁、支撑梁钢筋	t	50	5685	283268	318	80
8	格构柱	t	6	6812	37807	42	11
9	排水沟、排水井	m³	283	533	150724	169	42
10	模板	m²	830	50	41288	46	12
11	松木桩	m	3102	33	101870	114	29
合计					6125494	6883	1721

优化后基坑工程造价明细表　　　　　表 1.1-12

4）专家论证及图纸会审

按当地政策规定，本项目符合需要专家论证的情况 2，故需要进行专家论证。

台州市基坑设计方案需要专家论证的情况

情况 1：开挖深度超过 5m（含 5m）的基坑（槽）的土方开挖、支护、降水工程。

情况 2：开挖深度虽未超过 5m，但地质条件、周围环境和地下管线复杂，或影响毗邻建筑（构筑）物安全的基坑（槽）的土方开挖、支护、降水工程。

2018 年 3 月 19 日，在专家论证会议上，专家对于优化后设计图纸内的防护薄弱处提出了评审意见。根据专家评审意见及图审单位要求对基坑围护图纸进行修改，将设计优化方案修改后，增加造价约 75 万元（表 1.1-13）。

按专家论证会意见设计调整增加成本汇总表   表 1.1-13

序	专家论证评审意见	名称	单位	数量	单价（元）	合价（元）
1	集水井 500mm×500mm×600mm 偏小，调整为 1000mm×1000mm×1000mm	水泥搅拌桩	m³	358	210	75207
2	适当增补重要部位坑底加固，坑中坑搅拌桩延至支护桩边	水泥搅拌桩	m³	1004	210	210790
3	钻孔桩超灌高度 0.5m 改为 0.8m	钻孔灌注桩	m³	62	1100	68365
4	调整支护边坡的坡率为 1:1.5	喷射混凝土	m²	2073	88	182152
5	对近环山北路侧角撑部位支护桩进行加强，采用 700mm 桩径钻孔桩，并增设被动区加固支墩	水泥搅拌桩	m³	313	210	65631
		钻孔灌注桩	m³	130	1100	143253
	合计		m	890	837	745398

5）通过内部精细化审图进一步降低成本

2018 年 3 月 27 日，在优化后设计图纸会审审批通过后，基坑支护测算金额 687 万元，比目标成本低 2%。

因考虑到需要预留招标容差率及需预留 5% 变更签证率因素，项目合约部通过与项目工程部、设计部沟通，拟通过进一步进行精细化设计再进一步降低成本。通过内部设计联系单的形式取消、削弱对基坑支护工程的安全作用小的部位，降低成本约 44 万元，详见表 1.1-14。

内部精细化审图后节约金额汇总表   表 1.1-14

序	联系单优化内容	名称	单位	数量	单价（元）	合价（元）
1	取消地块中间部位的坑中坑支护搅拌桩，改为放坡式开挖	水泥搅拌桩	m³	1004	210	210790
2	取消非重点部位的被动区加固墩	水泥搅拌桩	m³	211	210	44336
3	取消高位桩施工时的临时放坡面层，调整支护边坡的坡率为 1:1	喷射混凝土	m²	2073	88	182152
	合计		m	890	491	437279

6）通过强化施工过程管控降低风险

因对设计方案进行优化释放了部分安全余量，需要提醒项目工程部加强工程施工中的过程管控。包括严格按照设计图纸施工，落实监理旁站监督，按工序进行隐蔽验收，并制订合理的施工顺序，系统把控工程质量达到设计要求，特别要采取措施防止施工单位在基坑边坡坡度、喷射混凝土厚度、水泥搅拌桩水泥掺量等关键环节上偷工减料，导致施工质量达不到设计要求而产生风险。

2018 年 5 月 30 日，基坑工程顺利完工。

2018 年 8 月 5 日，地下工程顺利出正负零，施工进展顺利，按预期达成预售节点。

3. 经验教训总结

1）本案例中可以总结的经验

（1）管理方面

①对设计方案的优化要趁早。在方案设计阶段就主动参与管理和优化，避免因优化而影响工程进度。在事前，需要进行充分的调研，考察当地常用的基坑围护形式，结合项目地块的周边情况，进行多方案比选，并充分利用场地特点，制定因地制宜的基坑支护设计方案。

②在确定优化方案后要及时开展可行性论证。对地下工程，考虑到特殊性，要严格执行专家论证，做好事前风险控制。在设计中，要规避基坑支护工程风险源较多、随机、危险性较严重的风险。

③在优化方案实施阶段要加强风险管理。因对设计方案的优化，会释放部分多余的安全余量，需要提前知会项目工程部加强过程管控，规避因施工质量导致的各类风险。

（2）技术方面

①基坑设计方案在选型时，一般按造价水平从低到高进行选择。浅基坑支护方案按造价水平从低到高的优先级一般是：放坡 < 土钉墙 < 锚索支护 < 钢板桩 < 拉森钢板桩 < SMW 工法桩 < 桩锚支护 < 重力式挡墙 < 悬臂桩 < 桩锚 + 内支撑。

②在拉森钢板桩选型时，需要注意以下三点：

a. 场地是否具备拉森钢板桩施工条件、施工机械：液压机械手，施工半径 5 ~ 6m。

b. 评估钢板桩施工周期可控性：租赁费用按天计算，租赁期过久可能导致选择钢板桩造价比其他桩型高，得不偿失；本项目施工周期按 4 个月考虑。

c. 钢板桩存在无法回收风险，12m 拉森钢板桩买断费用预计在 1 万元 / 根，每延米造价在 2.5 万元，费用高昂，须根据现场情况提前进行风险预判。

③基坑支护类型，按设计方法可以分两类——侧重位移控制和侧重稳定性控制，适用情况不一样，造价水平也不一样，合理的设计应根据项目现场环境选择合适的设计方法。

2）后续项目可改进的地方

（1）管理方面

①寻找当地经验丰富的团队，有利于获得经济性的设计方案。基坑工程的地域性强，当地经验丰富、服务配合意识好的地勘单位、设计团队、专家小组，在成本控制和安全风险控制上更有经验。虽然地质勘察的费用占比很小，但是地质勘察的成果报告对基坑围护、基础形式及地下室等与土体有关部分工程的设计经济性起决定性作用。在地质勘察工作上，成本的投入产出比高，建议给予合理的费用，以期为取得尽可能翔实的地质勘察结果提供

更好的合同条件。

②寻找当地经验丰富的设计师，设计招标时采用带方案报价的形式招标，方便多方案比选。业内普遍认为，基坑设计的经验占 70%、计算占 30%。因此，在当地找寻经验丰富的设计单位和设计人员是关键。寻找经验丰富的专家小组。专家组成员是否过于保守对基坑设计方案进行评审起重要作用。

③用新的招标方式确定支护设计单位，有利于获得经济性的方案。采取方案竞标的方式进行基坑设计单位招标，投标单位先各报一个支护设计方案（带估算）和设计费，甲方组织评选出最优方案和设计单位。设计单位确定后，再继续优化、出图。

（2）技术方面

①规划阶段可通过竖向标高策划减少地下室埋深，从而降低基坑深度，达到降低支护等级的作用。拿地后，尽早前往规划管理部门明确场地周边道路标高，按当地允许室外标高与市政道路的最大高差设计，尽可能地提高地库的底标高，以降低基坑深度，减少土方开挖工程量。

②地勘报告内土层内摩擦角、黏聚力等参数对基坑支护影响大，可进行对标分析并应用到优化中。内摩擦角、黏聚力参数越大，则围护结构位移会越小，基坑支护方案越经济。

【案例 1.2】

西安某住宅项目基坑支护设计方案优化

　　拟建工程的地下工程，因地质情况存在不确定性，如果周边没有可参考项目数据，如何准确测算目标成本一直是困扰成本人员的一大难题。通常按项目所在地常用基坑支护类型、地基处理方式类型的经验指标来完成目标成本编制。

　　基坑支护、土方、地基处理工程，又属于建设工程中最早开始施工的三个专业工程。因总建筑面积比较小，目标成本的腾挪空间有限，如果前期未控制好此三项工程成本而导致目标成本超支，对于后续成本控制来说无疑是雪上加霜。而如果此三项成本能在前期控制得好，则会为项目在后期的正常运转打下良好的基础。

　　对于高周转的住宅项目，不少公司采用边设计、边施工的方式快速推进，本案例项目就属于典型的高周转项目。在快速推进项目中，就极有可能造成设计周期被不合理地压缩，加之信息沟通的不完善和不对称，没有踏勘现场和不了解项目用地的实际情况，最终可能得到一套中规中矩的、可能非常保守的基坑设计方案。本案例就是出现了这种结果，然后回过头来踏勘项目用地现场，结合原场地早期的基坑支护施工情况优化设计方案，最终降低成本比例达到 87%。详见表 1.2-1。

优化前后对比表　　　　　　　　　　　　　　　　　　　　　　　表 1.2-1

	对比项	优化前	优化后	优化效果
	基坑支护总成本（万元）	245	32	减少 213（87%）
成本指标	按延米（元/m）	6160	810	减少 5350（87%）
	按支护面积（元/m²）	962	126	减少 836（87%）
	设计方案	未利用，已有支护桩	充分利用，已有支护桩	主要工程量降为 0
主要工程量	支护桩（m³）	681	0	减少 681（100%）
	冠梁（m³）	81	0	减少 81（100%）
	锚索（m）	1012	0	减少 1012（100%）
	喷锚护壁（m²）	1602	1047	减少 555（35%）

1. 基本情况

1）工程概况

　　本地块为收购项目。南侧段有遗留的深坑及部分支护桩，北侧段紧邻村民自建居民楼。

由于项目搁置已有五六年之久，无人看管，当地居民将项目场地当成了垃圾场，已经倾倒的垃圾几乎与围墙齐平，原始地貌已经无法看到（表1.2-2）。

工程概况表

表1.2-2

工程地点	陕西省西安市
开竣工时间	2018年10月—2020年12月
物业类型	高层住宅
项目规模	总建筑面积37276m²；其中，地下一层6589m²，地下二层2937m²
基本参数	开挖基坑安全等级为二级。 项目设置两层地下室，局部地下二层开挖深度10m。 基础平面面积6589m²，支护周长约400m，支护面积约3000m²
土质特征	湿陷性黄土地基 ①层杂填土：结构松散，土质不均。 ②层黄土：中压缩性土，可塑状态；个别土样具湿陷性。工程性能一般。 ③层粉质黏土：中压缩性土，可塑状态。工程性能一般。 ④层细砂：中密状态。工程性能一般。 ⑤层中粗砂：中密状态。工程性能一般。 ⑥层粉质黏土：中压缩性土，可塑状态。工程性能一般。 ⑦层中砂：密实状态。工程性能良好。 ⑧层中砂：密实状态。工程性能良好
工期安排	围护施工到拆除，约4个月

2）主要限制条件

（1）重视程度限制

在高周转导向下，对于公司而言运营节点就是公司的生命线，达成计划、守住节点就是胜利。而项目层面是否能够优化或者说优化多少钱，对于公司而言，已然并不重要；或者说目标成本如果超支了，只要不严重亏损，只要有拟实施补救措施就行，如提高售价覆盖超支目标成本等措施。

作者是项目公司成本经理。

（2）时间限制

公司运营节点要求拿地至开盘销售120d，即：支护＋土方＋两层地下室＋治污减霾禁土期＋春节假期的总时长为120d。实际可供施工时间非常紧张，项目只能多项工程交叉施工，才能勉强满足运营节点计划。节点完成时间倒推至前端职能部门，留给成本采购职能的时间分秒必争。

（3）场地条件限制

拟建场地内部狭小，建设用地仅9659m²，约14.5亩。项目南临望城一路，西（北）临八家滩村约2m，东临4S店约25m，距城市主要交通干道西三环约100m（图1.2-1）。

图 1.2-1　项目周边情况图

3）偏差分析

（1）原设计方案及成本估算

在拿地测算之初，经与设计负责人沟通，可按照经验数据计算基坑支护范围（支护范围约占场地周长的 42%）、地下二层占地下一层面积比例。同时，综合考虑原场地南侧已实施部分支护桩及前期项目设计经验，建议测算按照周长的 25%、桩长 20m、桩径800mm 考虑，测算出目标成本为 205 万元。

（2）与目标成本的对比分析

支护设计方案初稿与原拿地阶段经验数据估算的方案基本一致，差异原因主要是在目标成本中未考虑原遗留支护桩加固、高低跨处喷素混凝土等工程费用（表 1.2-3）。

目标成本对比表　　　　　　　　　　　　　　　　　　表 1.2-3

名称	基坑支护类型	总价（万元）	支护周长（m）	单价指标（元/m）	备注
目标成本	悬臂支护：灌注桩	205	400	5133	
初稿方案	灌注桩＋土钉＋网喷＋锚索、冠梁	245	397	6160	
偏差	初稿-目标成本	45	-3	1027	未考虑原遗留支护桩加固、高低跨处喷素混凝土费用

4）超目标成本的原因分析

岩土设计院的设计师没有勘探工程现场，仅以收到的书面资料进行安全验算，提供的初稿方案没有结合场地现有围护桩的情况，设计方案过于保守，有大量无效成本，造成目标成本超支。

在对项目作收购尽职调查的过程中，项目成本部偶然听原开发商的经办人说过该地块已完成部分围护桩。所以，在土方施工过程中，项目成本部要求先把北侧清运出原始地貌，并沿原始围墙边缘再挖0.5m，检查是否已经有支护桩。经检查，有以前开发施工的支护桩可以纳入现在的基坑围护体系来使用，这样可以大大减少需要施工的支护桩数量、缩短基坑施工工期。

2. 优化过程

1）优化可行性分析

在大多数情况下基坑支护结构是临时性工程，与永久性结构对比，安全储备要求小些。项目部从技术、施工、进度、合规性、经济性、接受度等角度出发，综合评估本次优化具备可行性。详见表1.2-4。

优化的可行性分析表   表 1.2-4

序	问题	回复	结果
1	技术可行性如何？	原有支护桩搁置五六年之久，是否能够沿用、安全性如何，需要以第三方检测结果为准	可行
2	施工可行性如何？	安全性满足计算要求，压缩安全余量，安全系数适中	可行
3	经济合理性如何？	取消了悬壁桩、冠梁及部分锚索，增加了部分土钉和网喷面积	合理
4	法律合规性如何？	取消预应力锚索支护形式，不涉及红线外作业	合规
5	进度达成性如何？	对比原方案，可以节约25d	合理
6	政治接受度如何？	以审批通过的工程策划中的工期为依据，合理减少使用期限，项目各职能及公司管理层均无异议	可行
	综合评估	可行	

2）优化过程

整个优化过程历经三次、四个方案，以原设计方案为基准逐次进行设计优化，逐次降低成本。如表1.2-5和图1.2-2所示。

四次优化方案对比分析   表 1.2-5

序	成本估算（元）	优化金额（元）	优点	缺点
方案一	2455.322	—	安全系数高	成本高、工期长，影响土方开挖、桩基进场，穿插施工窝工较多
方案二	1658.278	797.044	安全系数较高	成本较高、工期较长，影响土方开挖、桩基进场，穿插施工窝工较多

续表

序	成本估算（元）	优化金额（元）	优点	缺点
方案三	1552.619	902.703	安全系数较高	成本较高、工期较长，影响土方开挖、桩基进场，穿插施工窝工较多
方案四	317.214	2138.108	安全系数适中，工程量减少较多，工期短成本节约较多	必须在雨季来临之前完成肥槽回填，否则有边坡安全隐患

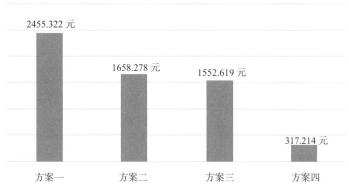

图 1.2-2　基坑方案造价柱状对比图

（1）技术要求

根据地质勘察报告、基坑开挖图、地下室平面图、场地周边环境及场地现状，将基坑支护分为 7 段：AB 段、BCD 段、DE 段、EF 段、FG 段、GH 段和 HA 段。其中，BCD 段、GH 段已有支护桩，本次设计主要针对 AB 段、DE 段、EF 段、FG 段、HA 段和 GH 段加固。

AB 段、CD 段、DE 段为一层地下室，本次设计开挖深度按 5m 考虑。

EF 段、FG 段、HA 段和 GH 段为二层地下室，本次设计开挖深度按 9m 考虑。

基坑距离红线平均约 6m，南侧 BCD 和 GH 段存在原有支护桩，桩径 800mm，桩长 18m。南侧 1 号楼存在已开挖基坑，长宽深分别为 89、38、9m。

（2）第一次提交优化方案

拿地测算之初，经与结构设计负责人沟通，由于场地狭小无法放坡、无地勘资料、无法进行有效测量等因素影响，并综合考虑原场地已实施部分的设计经验等，设计单位出具了第一次的基坑支护设计方案。

因基坑面积小、深度大，均采用排桩支护方式。

AB、DE、EF 段为一层地下室，采用悬臂桩支护，桩长 9m，桩径 800mm，桩间距 1600mm。

BCD 段为一层地下室，已有支护桩，桩径 800mm，桩间距 1500mm，桩长 18m。

HA 段为二层地下室，采用锚拉桩支护，桩长 15m，桩径 800mm，桩间距 1600mm，两排锚索。

GH 段为二层地下室，已有支护桩，桩径 800mm，桩间距 1500mm，桩长 18m，但无锚索，为防止变形过大引起基坑失稳，对其增加锚索进行加固，锚索长度等参数同 HA 段锚索参数。

场地东南侧地下室一层和二层车库错台（FG 段），为减少土方开挖和回填量，采用 1∶0.3 坡比的放坡网喷支护。

经测算，方案一的成本估算超目标成本约 41 万元（超 20%）（表 1.2-6）。

方案一基坑支护工程的成本估算   表 1.2-6

序	项目名称	单位	工程量	综合单价（元）	合价（元）
1	护坡桩	m³	681	2183	1486887
2	冠梁	m³	81	1870	151322
3	锚索（旋喷预应力锚索）	m	1012	212	214828
4	基坑喷锚护壁	m²	812	204	165453
5	网喷支护	m²	1602	175	280720
6	钢支撑安装及拆除	t	1	5495	7484
7	挖排水沟土方	m³	86	36	3121
8	排水沟	m	378	321	121557
9	集水井	个	8	2547	20374
10	沉砂池	个	1	2789	2789
11	破除钢筋混凝土	m³	1	281	281
12	破除素混凝土	m³	1	259	259
13	破除砖砌体	m³	1	248	248
	合计	元	—	—	2455322

在保证不影响工期的前提下获得项目总经理支持，协调设计管理部组织进行设计方案优化，即形成了方案二。

（3）第二次提交优化方案

因本项目的基坑面积小、深度大、土质较好，属于非软土地基，方案二主要采用土钉墙支护方式。

AB、DE、EF 段为一层地下室，采用土钉墙支护。当遇到杂填土过厚难以成孔时土钉可采用直径 48mm、壁厚 3mm 的钢管，减少支护桩工程量及冠梁工程量，增加网喷、排水沟工程量。

BCD 段为一层地下室，已有支护桩，桩径 800mm，桩间距 1500mm，桩长 18m。

HA 段为二层地下室，采用锚拉桩支护，桩长 15m，桩径 800mm，桩间距 1600mm，两排锚索。

GH 段为二层地下室，已有支护桩，桩径 800mm，桩间距 1500mm，桩长 18m，但无锚索，为防止变形过大引起基坑失稳，对其增加锚索进行加固，锚索长度等参数同 EF 段锚索参数。

场地东南侧地下室一层和二层车库错台（FG 段），为减少土方开挖和回填量，采用 1:0.3 坡比的放坡网喷支护。

经测算，方案二较方案一降低约 80 万元，降低至目标成本范围内。详见表 1.2-7。

方案二与方案一的成本对比表　　　　　　　　　　　　　表 1.2-7

序	项目名称	单位	工程量			综合单价（元）	降低金额（元）
			方案一	方案二	降低		
1	护坡桩	m³	681	348	333	2183	727899
2	冠梁	m³	81	34	47	1870	87942
3	锚索（旋喷预应力锚索）	m	1012	1807	-795	212	-168688
4	基坑喷锚护壁	m²	812	812	0	204	0
5	网喷支护	m²	1602	1265	337	175	59095
6	钢支撑安装及拆除	t	1	3	-2	5495	-11264
7	挖排水沟土方	m³	86	24	62	36	2242
8	排水沟	m	378	107	271	321	87327
9	集水井	个	8	2	6	2547	15280
10	沉砂池	个	1	2	-1	2789	-2790
11	破除钢筋混凝土	m³	1	1	0	281	0
12	破除素混凝土	m³	1	1	0	259	0
13	破除砖砌体	m³	1	1	0	248	0
	合计	元	—	—	—	—	797043

方案二经过内部讨论，根据内部洽商结果，又进行了局部优化，形成了方案三。

（4）第三次提交优化方案

HA 段为二层地下室，采用锚拉桩支护，桩长 13.5m（减少 1.5m，注意表 1.2-6，看看是否调整，如果调整，数值可能会变化。如果不调整，本 13.5m 也可以还原为 15m，锚索可以不满足前面的 0.8h），桩径 800mm，桩间距 1600mm，两排锚索。

方案三较方案一降低约 90 万元，在目标成本范围内。成本估算对比如表 1.2-8 所示。

方案三与方案一成本对比表　　　　　　　　　表 1.2-8

序	项目名称	单位	工程量			综合单价（元）	降低金额（元）
			方案一	方案三	降低		
1	护坡桩	m³	681	314	367	2183	801267
2	冠梁	m³	81	34	47	1870	87942
3	锚索（旋喷预应力锚索）	m	1012	1807	-795	212	-168688
4	基坑喷锚护壁	m²	812	812	0	204	-195
5	网喷支护	m²	1602	1080	522	175	91385
6	钢支撑安装及拆除	t	1	2	-1	5495	-11264
7	挖排水沟土方	m³	86	24	62	36	2242
8	排水沟	m	378	107	271	321	87327
9	集水井	个	8	2	6	2547	15280
10	沉砂池	个	1	2	-1	2789	-2790
11	破除钢筋混凝土	m³	1	1	0	281	0
12	破除素混凝土	m³	1	1	0	259	0
13	破除砖砌体	m³	1	1	0	248	0
	合计	元	—	—	—	—	902506

在基坑招标谈判过程中，经咨询投标单位的意见，了解到现方案还有进一步优化的空间。

随后成本部紧紧地协调设计部，建议在实地踏勘现场后进一步深化设计。通过实地测量，东侧距离 4S 店约 24m，实地检测遗留支护桩的风化情况及强度，并及时组织专家进行方案可行性论证，在满足安全的前提下，形成了方案四。

（5）第四次提交优化方案

方案四充分利用遗留支护桩，取消了原设计方案的全部支护桩、冠梁、锚索、钢支撑。

经测算，方案四的成本约 32 万元，较方案一降低约 214 万元。经过三轮优化，较大程度上降低了基坑支护成本。明细详见表 1.2-9。

方案四与方案一成本对比表　　　　　　　　　表 1.2-9

序	项目名称	单位	工程量			综合单价（元）	降低金额（元）
			方案一	方案四	降低		
1	护坡桩	m³	681	0	681	2183	1486887
2	冠梁	m³	81	0	81	1870	151322
3	锚索（旋喷预应力锚索）	m	1012	0	1012	212	214828
4	基坑喷锚护壁	m²	812	0	812	204	165453
5	网喷支护	m²	1602	1047	555	175	97495

续表

序	项目名称	单位	工程量			综合单价（元）	降低金额（元）
			方案一	方案四	降低		
6	钢支撑安装及拆除	t	1	0	1	5495	7484
7	挖排水沟土方	m³	86	65	21	36	781
8	排水沟	m	378	137	241	321	77580
9	集水井	个	8	2	6	2547	15280
10	沉砂池	个	1	2	-1	2789	-2789
11	破除钢筋混凝土	m³	1	1	0	281	0
12	破除素混凝土	m³	1	1	0	259	0
13	破除砖砌体	m³	1	1	0	248	0
14	φ18mm 钢筋土钉	m	0	464	-464	54	-25056
15	φ48mm×3 花管加固	m	0	522	-522	98	-51156
	合计	元	—	—	—	—	2138109

3）优化成果对比分析

将上述四次提交的基坑方案依次命名为方案一、二、三、四。从设计方案、工程量、造价、优缺点等四个方面进行对比，如表 1.2-10、表 1.2-11 所示。

四种方案的设计对比　　　　　　　　　　　　　　　　表 1.2-10

序	位置	方案一	方案二	方案三	方案四
1	AB	悬臂桩支护，桩长 9m，桩径 800mm，桩间距 1600mm	土钉墙支护，当遇到杂填土过厚难以成孔时，土钉可采用直径 48mm、壁厚 3mm 的钢管	土钉墙支护，当遇到杂填土过厚难以成孔时，土钉可采用直径 48mm、壁厚 3mm 的钢管	土钉墙支护，当遇到杂填土过厚难以成孔时，土钉可采用直径 48mm、壁厚 3mm 的钢管
2	BCD	已有支护桩，桩径 800mm，桩间距 1500mm，桩长 18m	已有支护桩，桩径 800mm，桩间距 1500mm，桩长 18m	已有支护桩，桩径 800mm，桩间距 1500mm，桩长 18m	已有支护桩，桩径 800mm，桩间距 1500mm，桩长 18m
3	DE	同 AB	同 AB	同 AB	同 AB
4	EF	锚拉桩支护，桩长 15m，桩径 800mm，桩间距 1600mm，两排锚索	同 AB	同 AB	同 AB
5	FG	1:0.3 坡比的放坡网喷支护	1:0.3 坡比的放坡网喷支护	1:0.3 坡比的放坡网喷支护	1:0.3 坡比的放坡网喷支护
6	GH	已有支护桩，桩径 800mm，桩间距 1500mm，桩长 18m，但无锚索，为防止变形过大引起基坑失稳，对其增加锚索进行加固，锚索长度等参数同 HA 段锚索参数	已有支护桩，桩径 800mm，桩间距 1500mm，桩长 18m，但无锚索，为防止变形过大引起基坑失稳，对其增加锚索进行加固，锚索长度等参数同 HA 段锚索参数	已有支护桩，桩径 800mm，桩间距 1500mm，桩长 18m，但无锚索，为防止变形过大引起基坑失稳，对其增加锚索进行加固，锚索长度等参数同 HA 段锚索参数	已有支护桩，桩径 800mm，桩间距 1500mm，桩长 18m

续表

序	位置	方案一	方案二	方案三	方案四
7	HA	锚拉桩支护，桩长 15m，桩径 800mm，桩间距 1600mm，两排锚索	锚拉桩支护，桩长 15m，桩径 800mm，桩间距 1600mm，两排锚索	锚拉桩支护，桩长 13.5m，桩径 800mm，桩间距 1600mm，两排锚索	锚拉桩支护，桩长 13.5m，桩径 800mm，桩间距 1600mm，两排锚索

四种方案的工程量对比　　　　　　　表 1.2-11

序	费用项	单位	工程量			
			方案一	方案二	方案三	方案四
1	护坡桩	m³	681	348	314	0
2	冠梁	m³	81	34	34	0
3	锚索（旋喷预应力锚索）	m	1012	1807	1807	0
4	基坑喷锚护壁	m²	812	812	812	0
5	网喷支护	m²	1602	1265	1080	1047
6	钢支撑安装及拆除	t	1	3	2	0
7	挖排水沟土方	m³	86	24	24	65
8	排水沟	m	378	107	107	137
9	集水井	个	8	2	2	2
10	沉砂池	个	1	2	2	2
11	破除钢筋混凝土	m³	1	1	1	1
12	破除素混凝土	m³	1	1	1	1
13	破除砖砌体	m³	1	1	1	1
14	ϕ18mm 钢筋土钉	m	—	—	—	464
15	ϕ48mm×3 花管加固	m	—	—	—	522

通过表 1.2-10、表 1.2-11 的对比分析可知：

（1）方案二与方案一相比，将原本的 AB 段、DEF 段的悬臂桩支护更改为土钉墙支护，对于难以成孔的地方采用钢管支护，主要节约护坡桩工程量 333m³，节约成本约 80 万元。

（2）方案三与方案一相比，将原本的 AB 段、DEF 段的悬臂桩支护更改为土钉墙支护，对于难以成孔的地方采用钢管支护，HA 段的桩长更改为 13.5m，主要节约护坡桩工程量 367m³，节约成本约 90 万元。

（3）方案四与方案一相比，将原本的 AB 段、DEF 段的悬臂桩支护更改为土钉墙支护，对于难以成孔的地方采用钢管支护，HA 段的桩长更改为 13.5m，取消 GH 段的增加锚索，主要节约护坡桩工程量 681m³，节约冠梁工程量 81m³，节约钢支撑工程量 1t，节约成本约 214 万元。

4）施工情况

在施工中，受 1 号楼正前方约 10m 处 330kVA 高压电杆拆除、高速路口收费站专线落地、村子和 4S 店 10kV 架空线路落地等诸多因素影响，导致结构施工缓慢，基坑回填土工作也随即延误。

7 月中旬恰逢西安地区的雨季，某场大雨中，隔壁村子的雨水排除不畅，涌入西侧 HA 段，造成部分边坡有坍方隐患，项目部遂安排机械紧急填土修复。

8 月中旬又遇大雨，为永久解决安全隐患，项目部出资帮助隔壁村子疏通雨水管线。地下室二层与一层的高低跨处，也由于多次雨水冲刷，造成后期以修补签证方式增加费用。

北侧段，离村子自建住宅仅一路之隔，约 6m，在土方开挖过程中，村民以原基坑支护年代久远、有安全隐患为由，多次无故阻拦，后进行私下协商、补偿后方停止阻拦。

3. 经验教训总结

本案例中原设计方案不经济的原因在于设计依据不充分、未有效踏勘现场，导致设计成果过于保守。通过这次特殊的优化过程，可以总结以下几点经验和教训。

1）本案例可以总结的经验

（1）管理上

①经济性好的设计是建立在熟悉工程现场、熟悉当地类似工程设计情况的前提之下。

有两项工作对设计的经济性至关重要，一是实地踏勘工程现场；二是收集第一手基础数据。例如，在本案例中，前期遗留的基坑、支护工程未进行有效安全验证，则必须组织专家论证或委托专业第三方现场取证，方可避免经验主义。开展深基坑工程设计时，其具有显著的区域性，因为不同地区存在的地质差异与水文条件差异，即使是同一城市不同区域也有差异。深基坑工程也具有很强的独特性，基坑的开挖、周边的环境、地下管线是否得到合理布置、相邻基坑等一系列因素都会对深基坑工程的施工产生很大的影响。正是因为这个原因，在进行深基坑工程设计时，首先要做的就是实地勘探，切不可以经验用事。

②工期紧张往往是设计不经济的诱因，在高周转项目中必须有预控措施预防、发现设计不经济的问题。例如本案例中，在收到基坑设计方案后及时对比目标成本并及时采取纠偏措施——以超目标成本倒逼设计优化，那么目标成本制订的准确性就是前提；其次，还可以在前期调研了解周边项目的基坑设计情况作为参照。

③对于专业性较强的地基处理、基坑支护等特殊工程，应充分发挥专业人士的专业价值。一方面，需要广泛听取专业意见并搜集信息，可通过招标策划，充分利用专业合作单位的技术实力，消除方案设计中的富余。同时，专业单位的优化建议也是对前期方案设计

质量的再次印证，找到兼顾安全性及经济性的设计方案。在商务条款中，要用双赢思维，落地优化激励措施，使合作单位有积极配合优化的意愿及信心。另一方面，需要特别重视基坑工程的质量、安全，切不能简单为了"优化"而失去对安全的敬畏，需要多征求专业意见、多请教专家，包括组织专家认证会验证优化的可行性和预判风险。

（2）技术上（暂无）

2）本案例中可以改进的地方

（1）管理上

①对于一项工作追求的深度、力度的把握，需要全盘考虑，不能为了优化而优化，避免因小失大。项目管理是一项系统复杂的工作，每个职能对于项目的贡献都有它必不可少的一面。在追求极致的成本优化的情况下，当下确实产生了可以见到的利益，但是也为后期施工中不可预见的风险埋下了隐患，施工工期一旦延误，容易遭遇自然环境的反噬和周边居民投诉，上文中所述的雨季险情、外部干扰虽然被项目部逐项化解，但是不可能每次都这么侥幸。

②要安全警钟长鸣，把安全第一牢记于心并付之于行动，否则所做的"优化"，极有可能对工程质量、安全、其他成本项造成最大的伤害。基坑支护工程是一个复杂的系统工程，基坑支护方案对工程成本的影响最大，支护方案的优选要越来越被关注，从成本角度对项目基坑支护方案进行优选，可以为投资者带来更大的经济和社会收益。

（2）技术上（暂无）

【案例 1.3】

仪征某城市综合体项目基坑支护招标方案优化

基坑支护一般是临时工程，做好安全性与经济性的平衡，是基坑支护设计的关键。基坑支护设计是一项系统工程，需考虑的因素众多。过于保守的设计会造成投资浪费，过于经济的设计又可能导致安全隐患。在实践中，由于固有的安全意识，设计方案容易出现偏于保守的情况。

一般情况下，基坑支护优化类型主要有以下四类：①支护类型选型优化；②设计招标时采用带方案报价的形式；③带施工方案总价包干招标；④精细化设计。本案例属于带施工方案总价包干招标进行优化。通过充分发挥施工方的经验优势，对设计方案进行优化，既保证了施工安全、缩短了工期，也降低了成本，产生了良好的综合效益。

相对于普通项目，合作项目的优化往往会有更多阻力和需要付出更多的努力。本案例的优化过程历经了技术层面的设计方案优化未果后，改用管理层面的招标方案优化来实现优化设计、控制成本的目标（表 1.3-1）。

优化前后对比表　　　　　　　　　　　　　　　　表 1.3-1

对比项		优化前	优化后	优化效果
成本指标	总成本（万元）	1517	942	降低 575（38%）
	按延米（元/m）	15413	9568	降低 5845（38%）
	按支护面积（元/m²）	3083	1915	降低 1168（38%）
	招标方案	施工总价包干招标	带方案总价包干招标	优化方案、降低成本
技术方案	桩型	钢筋混凝土灌注桩	水泥搅拌桩、管桩、钢管桩、型钢桩、锚索	降低成本、缩短工期
	水泥搅拌桩参数	桩长 9～13.5m，水泥含量 16%～22%	桩长 8～12m，水泥含量 15%～20%	缩短水泥搅拌桩桩长，减少水泥含量
	坡面防护混凝土厚度（mm）	80	60	减小坡面防护混凝土厚度

1. 基本情况

1）工程概况（表 1.3-2）

工程概况表　　　　　　　　　　　　　　　　表 1.3-2

工程地点	江苏省仪征市
开竣工时间	2021 年 10 月—2023 年 6 月

续表

物业类型	城市综合体（商业、住宅）
项目规模	用地面积 54966m²，建筑面积 15 万 m²，其中：地下 4 万 m²
地下室层数	1 层
基本参数	基坑开挖面积约 43642m²，地下室开挖深度 3.6～5.8m，四周围护边长约 984.2m，基坑南北向长约 276.7m，东西向宽约 162.6m
土质特征	第一层为素填土；第二层为粉砂夹粉土，厚度约 6.1m；第三层为淤泥质粉质黏土，厚度约 6.4m；第四层为粉质黏土，厚度约 5.9m；第五层为强风化泥质粉砂岩，厚度约 6.2m
工期安排	90d

2）限制条件

（1）本项目为合作操盘项目，设计、工程、营销职能由合作方操盘，成本、招采由作者公司操盘。基坑支护方案优化须征得合作方（设计、工程）同意后才能落地实施。

（2）基坑支护设计单位为合作方推荐单位，是江苏省内企业。

（3）因考虑销售因素，楼盘首开区须赶在春节前的返乡季开盘，运营全景计划要求首开区在 2022 年 1 月 8 日开盘。工期紧张，须在 2021 年 10 月初招标确定基坑支护及桩基础施工单位并进场施工。招标周期常规需要 15d，优化周期须控制在 1 个月内。

（4）作者是某房地产开发集团成本管控副总监。

3）偏差分析

（1）基坑支护初稿设计方案和估算

2021 年 8 月 23 日，设计单位提供基坑支护设计方案的初稿。项目成本部当天安排预算人员进行成本测算，成本估算为 1517 万元，折合每延米 15413 元，测算明细详见表 1.3-3、表 1.3-4。

基坑支护工程造价测算表（优化前）   表 1.3-3

序	项目名称	围护周长（m）	含税合价（元）	成本指标（元/延米）
1	喷射混凝土护坡部分		593257	603
2	搅拌桩、灌注桩、管桩	984.2	14116891	14343
3	锚杆部分		284097	289
4	措施费		175000	178
	合计		15169262	15413

估算明细表　　　　　　　　　　　　　　　　　表 1.3-4

序	内容	单位	工程量	含税综合单价（元）	合计（元）
1	喷射混凝土护坡部分				593274
1.1	80mm 厚 C20 混凝土面层	m²	6349.82	75.3	478141
1.2	钢筋	t	17.02	6764.52	115132
2	搅拌桩、灌注桩、管桩				14116891
2.1	双轴搅拌桩（单排）	m³	3429.16	335.28	1149729
2.2	双轴搅拌桩（双排）	m³	7248.26	232.39	1684423
2.3	三轴搅拌桩	m³	2903.02	411.38	1194244
2.4	支护桩	m	2040	580.89	1185016
2.5	直径 800mm 钻孔灌注桩成孔	m	2584.6	197.14	509528
2.6	直径 1000mm 钻孔灌注桩成孔	m	1724	308.03	531044
2.7	直径 1200mm 钻孔灌注桩成孔	m	1548.4	443.57	686824
2.8	灌注桩混凝土	m³	4402.15	801.58	3528675
2.9	钢筋	t	400.66	6764.52	2710273
2.10	凿桩头	个	338	68.14	23031
2.11	PHC 管桩灌芯	个	170	586.68	99736
2.12	冠梁及混凝土板	m³	482.66	1474.29	711581
2.13	压密注浆	t	133.76	768.45	102788
3	锚杆部分				284097
3.1	钻孔式注浆钢管，ϕ48mm	m	3723	76.31	284102
4	措施费	项	1	175000	175000
	合计	元			15169262

（2）与目标成本的对比分析

拿地目标成本 734 万元，是按当地常用的"大放坡素混凝土喷射 + 水泥搅拌桩 + 管桩加强"方案考虑的，每延米 7460 元。设计方案初稿的成本估算金额超目标成本 783 万元，超出 107%。

4）超目标成本的原因分析

（1）场地地质原因，比当地对标项目的土质差。本案例场地北侧存在河流，场地的地下土层靠北面 60% 面积土质属于软弱土层。

（2）设计单位选择的支护形式过于保守。

2. 优化过程与结果

整个优化过程经过两个阶段，第一阶段寻求技术方案优化，但未能实现；第二阶段在技术层面进行设计方案优化受阻后，采用带优化方案投标的形式招标，降低成本 575 万元，施工质量、安全、工期等，均能满足要求。

1）内部沟通协调

（1）在发现成本超目标后，项目成本部协调设计部进行成本优化，设计部以保障基坑安全性为由没有同意推进成本优化。

（2）2021 年 8 月 25 日，项目成本部将这一问题汇报区域成本负责人，区域成本负责人于 8 月 27 日协调区域结构设计部，共同参与进行本项目基坑支护内部专项审图，给予项目公司技术支持。同时，安排项目成本部对周边地块地勘资料和基坑支护施工图纸进行收集、调研、对标。

（3）项目成本部收集了周边地块两个项目的地勘资料进行对标，从地勘报告对标结果看，本案例地块土层内摩擦角与黏聚力的取值相对较低，详见表 1.3-5。该指标取值越高，则同等条件下围护结构水平位移越小，对支护方案的结构计算越有利。从该项指标数据可知本项目的土质情况较周边地块差。

仪征项目周边地块地勘报告内摩擦角与黏聚力对标分析表　　表 1.3-5

本地块				周边项目 A				周边项目 B		
层号	土层名称	固结快剪		层号	土层名称	固结快剪		层号	土层名称	固结快剪
		C_k（kPa）	ϕ_k（°）			C_k（kPa）	ϕ_k（°）			C_k（kPa）	ϕ_k（°）
①	素填土	11.4	8.4	①	素填土	14	8.3	①	杂填土	5	10
—	—	—	—	②	粉土	6	22.4	—	—	—	—
②	粉砂夹粉土	3.6	24.1	③	粉砂夹粉土	4	26.5	②	粉砂夹粉土	3.8	26.5
③	淤泥质粉质黏土	10.5	7.6	④	淤泥质粉质黏土	9	7	③	粉砂	3.5	29.1
④₁	粉质黏土	21.1	6.3	⑤	粉质黏土	24	7.8	④	粉质黏土	27.6	12.8
④₂	粉质黏土	54.9	12.6	⑥	粉质黏土	45	12.7	⑤	粉质黏土	76.5	16.1

（4）区域成本部、区域设计部、项目成本部，联合分析对比项目周边地块基坑支护施工图纸，结合江苏各市基坑支护设计施工经验，发现本项目基坑初稿设计方案过于保守，存在较大的优化空间。

（5）经过开会讨论，区域设计部汇总了项目公司的优化意见，让项目成本部邀请合作方项目设计、工程及设计单位，召开基坑支护方案专项优化协调会。同步把优化意见发给设计单位，让设计单位在会议召开前完成复核，便于开会时决策。

2）外部沟通协调

2021 年 8 月 31 日，召开了基坑支护方案专项优化协调会。会议中逐条讨论了基坑支护方案的优化意见。设计单位对我司提出的优化意见逐一进行了说明和回复，设计单位认为初稿出具的设计方案是合理的。合作方设计部则坚持保障基坑安全性的原则，只同意修改局部节点，其余的仍按初稿方案进行专家论证及施工。本次会议未达成一致意见，会议情况未达到预期效果。明细详见表 1.3-6。

设计单位对甲方优化意见的回复　　　　　　　　　　表 1.3-6

序	甲方意见	设计单位回复
1	本项目周边未见有大的河流，基坑开挖也不深，现方案是做搅拌桩止水帷幕，按常规经验坑内采用管井降水即可	根据项目地层条件、周边环境、市政道路、地下管线等因素，考虑周围环境而做止水帷幕。 ①项目北侧为蒋云河，且北侧坡顶存在施工便道。 ②项目东侧临近周边待开发地块，防止支护桩桩间土流失。 ③项目南侧售楼处（独立基础）为首开区及其周边展示区，为防止基坑开挖及降水对周边展示区、售楼处、地埋高压电缆、国防光缆等产生影响，考虑周边做止水帷幕。 ④项目西侧坡顶存在施工便道，及江城路市政道路下设地下管线
2	北侧软土区，筏板底并不在淤泥层内，原设计设置了 10m 深的被动区加固	项目北侧筏板底下 1m 为淤泥质粉质黏土（层厚 16m），需考虑被动区加固
3	本项目支护均未考虑锚索支护，请项目部征询当地锚索是否可出红线，如不可出红线是否可应用可回收锚索	锚索是否可出红线由建设单位进行沟通确认。 根据我院设计经验，目前市场上所做的可回收锚索形式，后期由于各种原因基本上均无法回收
4	对东侧垂直支护形式进行复核，考虑是否可租借红线外场地采用放坡支护，如不行可增加拉森钢板桩支护及管桩支护进行对比	是否可租借红线外场地由建设单位进行沟通确认；东侧垂直支护形式局部采用拉森钢板桩、管桩支护对比方案已经提供
5	EF 段支护，基坑侧面为售楼处，此处可设置锚索	EF 段处为售楼处，考虑售楼处基础形式、场地地层情况、支护结构边界性状（两处阳角），故不设置锚索形式
6	对 HJ 段支护进行复核，施工期间是否就需考虑对西侧大门处支护进行加强	HJ 段仍结合工程部提资中的施工场地平面布置图布设的垂直支护形式，详见历次会议纪要

续表

序	甲方意见	设计单位回复					

序	甲方意见	基坑开挖涉及工程地质特征				基坑开挖涉及水文地质特征	可能遇到的工程地质问题
		层号	状态	透水性	自稳性		
7	淤泥土透水性弱，为什么反而对淤泥层处支护作搅拌桩止水	①素填土	松散	弱透水	差	水位埋藏浅，土层透水性较强，雨季水量较丰富	土层结构松散，自稳性差，开挖易坍塌
		②粉砂夹粉土	稍密~中密	透水	一般	土质一般，土层透水性较好	土层结构及自稳性一般，具有一定强度
		③淤泥质粉质黏土	流塑	微透水	差	土质差，土层透水性弱	土层结构及自稳性差，强度低

本项目主要透水层为①层填土层、②层粉砂夹粉土层，我院设计的止水帷幕也是针对此两层土的止水措施。对于局部放坡区域，坡脚采用的双轴搅拌桩起坡体抗滑加固作用，并非止水作用

8	场地西侧支护方式 A ~ G 段：采用双轴水泥搅拌桩止水帷幕 + φ 1000 ~ 1400mm 钻孔灌注桩 +5 排水泥搅拌桩加固墩通长的设计方案严重保守，让设计院验算下采用放坡 + 锚索或者 SMW 工法桩 + 锚索方案的可行性，如验算不过，再采用单排悬臂支护桩（φ 700 ~ 800mm 钻孔灌注桩)+ 双轴水泥搅拌桩止水帷幕方式，与楼栋交界重点部位辅以局部加固墩进行加强，道路开口位置重点加强	根据现场情况，此方案为合理方案
9	南侧 PCMW 方式偏保守，还要单独配置大型机械进场施工，不经济，验算下其他方案的可行性	根据现场情况，此方案为合理方案
10	请设计单位提供支护计算书，同时对标周边项目的支护及降水方案	图纸即将进入施工图阶段，后续将提供完整计算书

3）改用带方案招标方式进行成本优化

在技术层面进行的设计方案优化因合作方设计部不支持而未达预期效果，区域成本负责人汇报集团成本管控部申请调增基坑目标成本。集团成本管控部要求该项目以带优化方案总价包干的形式招标，以借用投标单位在当地的丰富经验来优化成本，并同意定标金额超出目标成本的部分在地下工程内部进行平衡消化。经集团成本管控部与集团合约部沟通，集团合约部同意了该招标方案。

区域成本负责人与合作方沟通，合作方不同意采用带方案总价包干的招标形式，原因是他们公司从来没有经历过这种方式，不接受非常规招标模式。

区域公司与合作方进行了多轮沟通，并提供了我司其他多个项目按此方式成功招标的案例资料，最终无果。

区域成本负责人向集团成本管控部申请支持，申请集团成本负责人与合作方集团成本负责人沟通协调。经集团层面成本负责人协调后，合作方最终接受了此招标方案。

4）带方案招标情况

2021 年 9 月 10 日，项目成本部按带优化方案总价包干模式进行发标。在第一轮投标报价中，给予投标单位充足时间对初稿方案进行优化。

2021 年 9 月 25 日，投标单位按计划时间回标。按先评定技术标，待技术标合格后再开商务标的程序进行开标和评标工作。

2021 年 9 月 26、27 日，项目成本部邀请合作方设计、工程、区域结构设计、区域工程管理人员一起对各投标单位的设计方案进行技术评审。经与各投标单位详细讨论沟通，会上达成一致评标意见，各投标单位优化后设计方案整体均可行，局部节点需要调整。

2021 年 9 月 28 日，开商务标，并进行商务标分析。

2021 年 9 月 30 日，要求各投标单位根据技术标评审要求调整优化设计方案后进行最终一轮报价。

2021 年 10 月 8 日，收到各投标单位调整后的最终标书。技术标均已按沟通要求进行调整。本轮最低报价约为 942 万元，比原初稿方案降低约 575 万元，但比目标成本仍高出208 万元。详见表 1.3-7、表 1.3-8。

基坑支护方案优化前后成本对比表　　　　　　　　　　表 1.3-7

序号	项目名称	成本金额（元）		
		初稿设计方案	优化后	降低金额
1	喷射混凝土护坡部分	593257	646447	-53190
2	搅拌桩、灌注桩、管桩	14116891	5873023	8243868
3	锚杆部分	284097	492282	-208185
4	钢板桩部分	0	1760149	-1760149
5	措施费	175000	645007	-470007
	合计	15169262	9416908	5752354
	每延米成本指标（元/m）	15413	9568	5845

最终定标金额明细表　　　　　　　　　　表 1.3-8

序	项目特征	单位	工程量	含税综合单价（元）	含税合价（元）
一	喷射混凝土护坡部分				646447
1.1	60mm 厚 C20 混凝土面层	m²	6335.23	102.04	646447

序	项目特征	单位	工程量	含税综合单价（元）	含税合价（元）
二	搅拌桩、灌注桩、管桩				5873023
2.1	支护桩	m	1956	590.34	1154705
2.2	PHC 管桩灌芯	个	163	534.92	87192
2.3	冠梁及混凝土板	m³	414.15	1716.78	711004
2.4	双轴搅拌桩（单排）	m³	2131.97	289.08	616310
2.5	双轴搅拌桩（双排）	m³	3108.15	246.03	764698
2.6	双轴搅拌桩（加固墩）	m³	6140.9	264.83	1626295
2.7	三轴搅拌桩	m³	2276.98	400.89	912819
三	锚杆部分				492282
3.1	高压旋喷锚索	根	25	2958.96	73974
3.2	松木桩	m	10090	40.6	409654
3.3	钢管	m	252	34.34	8654
四	钢板桩部分				1760149
4.1	型钢桩	t	824.73	2096.23	1728824
4.2	型钢角撑	t	11.64	2691.21	31326
五	措施费	项	1	645007	645007
	合计	元			9416908

　　项目成本部把定标结果上报集团成本合约部及成本管控部，因本次招标起到了优化成本的效果，虽然定标结果仍超目标成本 208 万元，集团最终同意了定标结果。

　　定标完成后，项目成本部进行了复盘，对比设计单位提供的初稿方案、投标单位优化的图纸方案，对主要剖面和部位的做法进行了梳理对比，投标单位的主要优化项目如下：

　　（1）将钢筋混凝土灌注桩优化为水泥搅拌桩、管桩、钢管桩、型钢桩、锚索；

　　（2）缩短水泥搅拌桩桩长，减少水泥含量；

　　（3）减小坡面防护混凝土厚度。

　　明细详见表 1.3-9、表 1.3-10。

基坑支护方案优化前后主要剖面做法对比表　　　　　　　　　　　表 1.3-9

序	主要部位	设计单位初稿方案	投标单位优化后方案	差异
1	DE 段	DN850mm@1200mm 三轴搅拌桩，L=13.5m，水泥含量 22%	1-1 剖面：DN850mm@1200mm 三轴搅拌桩，L=12m，水泥含量 20%	搅拌桩长变短，水泥含量减少
2	EF 段	ϕ1200mm@1400mm 灌注桩，L=15.8m；DN850mm@1200mm 三轴搅拌桩，L=7m，水泥含量 22%	2-2 剖面：PHC-700（110）AB-C80mm@1200mm 管桩，L=12m；DN850mm@1200mm 三轴搅拌桩，L=12m，水泥含量 20%	灌注桩优化为管桩；搅拌桩长变短，水泥含量减少

续表

序	主要部位	设计单位初稿方案	投标单位优化后方案	差异
3	EF 段	DN1200mm@1400mm 灌注桩，L=15.8m；DN850mm@1200mm 三轴搅拌桩，L=7m，水泥含量 22%	3-3 剖面：DN48mm×3mm 钢管 @1200mm，L=6m；DN850mm@1200mm 三轴搅拌桩，L=9m，水泥含量 20%；DN120mm 圆木 @500mm L=5m	灌注桩优化为钢管桩；搅拌桩长变短，水泥含量减少
4	BC' 段	DN800mm@1000mm 灌注桩，L=16.3m；双轴搅拌桩 DN700mm@500mm，L=9m，水泥指导掺量为 16%	5B-5B 剖面：700×300×13×24 型钢 @1000mm，L=15m，双轴搅拌桩 DN700mm@500mm，L=8m，水泥指导掺量为 15%	灌注桩优化为型钢桩；搅拌桩长变短，水泥含量减少
5	CC' 段	DN800mm@1000mm 灌注桩，L=16m，双轴搅拌桩 DN700mm@500mm，L=9m，水泥指导掺量为 16%	5A-5A 剖面：700×300×13×24 型钢 @1000mm，L=15m，双轴搅拌桩 DN700mm@500mm，L=8m，水泥指导掺量为 15%	灌注桩优化为型钢桩；搅拌桩长变短，水泥含量减少
6	C'D 段	DN850mm@1200mm 三轴搅拌桩，L=13.5m，水泥含量 22%，PRC-700（110）AB-C80mm@1200mm 管桩，L=12m	5C-5C 剖面：700×300×13×24 型钢 @1200mm，L=12m，双轴搅拌桩 DN700mm@500mm，L=8m，水泥指导掺量为 15%	搅拌桩+管桩，优化为型钢桩+搅拌桩，桩长变短，水泥含量减少
7	BB' 段	DN1000mm@1200mm 灌注桩，L=18m，双轴搅拌桩 DN700mm@500mm，L=9m，水泥指导掺量为 16%，坑内加固双轴搅拌桩 DN700mm@1000mm	6-6 剖面：DN700mm @500mm 三轴搅拌桩，L=9m，水泥含量 15%，60mm 厚 C20 混凝土坡面防护	灌注桩优化为搅拌桩；坑内加固优化为坡面防护
8	JK 段	双轴搅拌桩 DN700mm@500mm，L=9m，水泥指导掺量为 16%，花管土钉 DN48mm×3.5mm @1000mm=90°，D=80，L=8m	8A-8A 剖面：双轴搅拌桩 DN700mm@500mm，L=9m，水泥指导掺量为 15%，DN120mm 圆木 @500mm L=5m	搅拌桩长变短，水泥含量减少；花管土钉优化为圆木桩
9	西侧大门口处	DN1000mm@1200mm 灌注桩，L=20m，双轴搅拌桩 DN700mm@500mm，L=9m，水泥指导掺量为 16%	西侧大门口处：ϕ500mm @2000mm，倾角 20°，L=13m（其中自由段 5m，锚固段 8m）；内置 2A15.2mm 预应力钢绞线，张拉值 120kN，锁定值 70kN；双轴搅拌桩 DN700mm@500mm，L=8m，水泥指导掺量为 15%；700×300×13×24 型钢 @1000mm，L=15m	灌注桩优化为锚索
10	坡面防护	80mm 厚 C20 混凝土	坡面防护：60mm 厚 C20 混凝土	混凝土厚度减小

优化前后方案对比　　　　　　　　　　　　　　　　表 1.3-10

对比项	原设计方案	投标单位优化方案
施工质量	方案工艺成熟，施工质量有保证	方案工艺成熟，施工质量有保证
环境影响	对周边环境无影响	对周边环境无影响
施工安全	设计方案保守，安全可靠度更高	设计方案合理，能保证安全
施工周期	施工周期较长	相对于原设计方案，周期短

5）后续施工情况

在定标后立即进场施工，施工过程中的基坑监测数据表明，各项数据均符合规范要求，地下室周边如期进行了回填土施工，基坑支护工程圆满结束。

3. 经验教训总结

1）本案例中可以总结的经验

（1）管理方面

①坚守目标成本红线，积极推进成本优化事项。例如本案例中，项目成本管理部在面对合作单位的不理解和不配合时，积极进行沟通协调，在项目公司层面协调无效果的情况下申请区域、集团层面介入进行沟通和协调。在技术方案层面优化无法推进的情况下，通过调整招标方案，借用投标单位的技术实力和当地经验来优化原设计方案，最终大幅降低成本。

②内部沟通协调寻求区域成本与区域设计的支持，消除技术壁垒，组织公司各专业部门对图纸进行经济性会审，形成统一意见后由项目成本部协同区域设计与合作方设计及设计单位沟通，形成合力。

③外部沟通协调方面，在与合作方设计沟通优化无果的情况下，未因首开节点紧张而选择放弃优化，从而牺牲成本。申请集团层面资源帮助，经与合作方集团成本负责人沟通，通过带优化方案招标形式最终达成了降本增效的目标，有力保障了项目利润率。

④变设计优化为招标方案优化。在设计方优化推进受阻的情况下，采用带优化方案的形式招标，借助投标单位丰富的施工经验及资源。对投标单位的投标方案，先进行技术评审，并与投标单位沟通，保证了方案的可行性，在方案可行的前提下，再进行商务标评审。"他山之石，可以攻玉，他人之事，我事之师"，通过带优化方案的形式招标，使成本大幅度降低。

⑤做好基础性工作。积极调研、收集周边项目地质勘察、基坑支护图纸等相关资料，通过对标周边项目，对标内部项目，从技术角度确定了优化的可行性。

（2）技术方面

①在保证安全、通过图审的前提下，将钢筋混凝土灌注桩优化为管桩、型钢桩、水泥搅拌桩，大幅度降低了成本。

②优化水泥搅拌桩，缩短桩长，减少水泥含量。

③减小坡面防护混凝土厚度。

2）本案例中可以改进的地方

（1）管理方面

①未评审施工方设计方案的是否可再优化，如砖砌排水沟优化的可行性，上部排水沟利用混凝土护坡成型，下部可采用土沟。

②在基坑设计管理全过程中，未进行经济性管控。如多方案对比要求，在合作方主导设计、成本意识不强的情况下，应及早干预，过程管控。

③调研中没有收集到对标项目的基坑成本数据。

（2）技术方面

基坑支护的桩型较多，未考虑进行合理归并，便于快速施工。

第 2 章

地基处理与桩基础工程

本章摘要

地基处理的作用是提高地基承载力，或改善其变形性质或渗透性质。桩基础的作用是将建筑上部结构传来的荷载转换、调整分配于各桩，由桩传递到深部较坚硬的、压缩性小的土层或岩层。

地基与基础工程的成本，归属结构性成本，属于客户非敏感点；费用占比高，且波动范围较大。不同的设计方案，成本差别在百万元乃至千万元的级别，优化降本空间已远超标准化程度相对高的上部结构。

地基处理与桩基础工程的成本优化，一般情况下主要有以下4类：①合理选择类型；②合理降低建筑物总荷载；③提高总承载力；④精细化设计降低材料用量。

【案例2.1】列举的是济南某住宅桩基优化为孔内深层强夯案例，该案例的特点是积极应用新工艺降低成本。在原设计管桩方案的成本超目标成本后，学习其他项目的做法采用了强夯新工艺——孔内深层强夯法，降低成本297万元，降低率29%。

【案例2.2】列举的是昆山某住宅桩基优化为劲性复合桩案例，该案例的特点是桩基础方案需要考虑旧厂房桩基处理成本。在原方案超出目标成本后采纳设计单位建议选用劲性复合桩，同时降低桩基和旧桩拔除成本，降低成本1091万元，降低率26%。

【案例2.3】列举的是台州某住宅桩基结合地质勘察优化案例，该案例的特点是桩基设计时依据中间勘察报告，桩基承载力利用率偏低、成本偏高。项目公司通过试桩静荷载破坏性试验，调整后单桩竖向承载力提高约7%～40%不等，降低成本850万元，降低率22%。

【案例2.4】列举的是仙桃某住宅管桩与灌注桩方案比选案例，该案例的特点是因地标的特殊规定而采用管桩反而比钻孔灌注桩的成本更高。通过对底板标高以下所有成本进行整体对比，选择了钻孔灌注桩方案，降低成本41万元，降低率11%。

【案例2.5】列举的是杭州某高层住宅桩基优化负面案例复盘及桩基选型要点总结，该案例的特点是通过复盘一个桩基优化的负面案例，揭示桩基选型最重要的原则之一是因地制宜。以建安成本单维度地选择看似更经济的方案，以为可以缩短工期72d（缩短63%）、降低成本793万元（降低率36%），结果因过多的质量问题导致延长工期21d（延长18%）、增加成本660万元（增加率30%）。在附件中，作者总结归纳了各类基础的适用范围、优缺点、施工效率及综合单价参考值，供参考。

【案例 2.1】

济南某住宅项目桩基优化为孔内深层强夯

　　四新技术的运用，始终会存在"吃螃蟹"的问题。作为技术人员需要具备创新意识，工作上需要主动破局，否则贫瘠的工作方式就会很容易碰到降本增效的天花板，不足以适应建设项目对于品质和利润越来越高的追求。

　　地基处理一般是指用于改善支承建筑物的地基（土或岩石）的承载能力，改善其变形性能或抗渗能力所采取的工程技术措施。常用的地基处理方法有：换填垫层法、强夯法、砂石桩法、振冲法、水泥土搅拌法、高压喷射注浆法、预压法、夯实水泥土桩法、水泥粉煤灰碎石桩法、石灰桩法、灰土挤密桩法和土挤密桩法、柱锤冲扩桩法、单液硅化法和碱液法等。

　　本案例中应用的是孔内深层强夯法，是在地基强夯工艺基础上发明的一种新工艺，先成孔至预定深度，然后通过自下而上的分层填料强夯形成高承载力的密实桩体和强力挤密的桩间土。经孔内深层强夯法工艺处理后的地基可以达到与常规管桩基础相当的承载力。

　　本案例介绍的是作者在某地产公司工作期间，参与并推动的一项设计方案优化。主要介绍了一项管桩基础优化为地基处理方案的全过程，包括起因、外部调研、可行性分析、相关职能部门协同等内容。表 2.1-1 所示是优化前后的技术经济指标对比。

优化前后对比简表　　　　　　　　　　　　　　　　表 2.1-1

对比项	优化前	优化后	优化效果
成本（万元）	1041	744	降低 297（29%）
单价指标（元 /m²）	97	69	降低 28（29%）
工期（d/ 单体）	35	26	减少 9（36%）
地基处理方案	预应力管桩	孔内深层强夯	降低处理级别

1. 基本情况

1）工程概况（表 2.1-2）

工程概况表　　　　　　　　　　　　　　　　表 2.1-2

工程地点	山东省济南市
开竣工时间	二期 2020 年 9 月—2022 年 6 月，三期 2021 年 3 月—2023 年 6 月
物业类型	33 栋高层住宅、储藏室、车库及配套商业
项目规模	338987m²，其中：地下 78755m²

续表

层数	地上住宅：11 层 /13 层 /15 层 /18 层；本案例对应本项目中 15 层（含）以上的高层住宅区域。 储藏室：地下夹层。 车库：地下 1 层
结构形式	筏板基础，剪力墙结构

2）限制条件

该项目于 2020 年 6 月底摘牌，一期为售楼处，二期住宅计划 2020 年 11 月 30 日达到预售条件（地上结构完成 6 层），工期要求比较紧。

3）偏差分析

（1）原设计方案及成本估算

2020 年 7 月 15 日，设计单位提交了地基与基础的设计方案，除 15 层（含）以上的高层住宅区域采用管桩基础方案以外，其他区域均是地基强夯方案。成本估算如表 2.1-3 所示。

原设计方案及成本估算　　　　表 2.1-3

序	产品		原设计方案	估算总价（元）	建筑面积（m²）	单方成本（元 /m²）
1	住宅	15 层（含）以上	管桩	10439400	107623	97
2		15 层以下		7569100	164546	46
3	商业		强夯	505000	10977	46
4	车库			1396000	55840	25
合计 / 综合				19909500	338987	58.7

（2）与目标成本的对比分析

原设计方案的成本估算超过目标成本约 296 万元（17%），详见表 2.1-4。

原设计方案成本估算与目标成本对比分析　　　　表 2.1-4

序	产品	建筑面积（m²）	目标成本（元 /m²）	原设计方案估算指标（元 /m²）	指标差（元 /m²）	成本差（万元）	偏差比例
1	住宅（15 层（含）以上）	107623	50	97	47	5058000	超 94%
2	住宅（15 层以下）	164546	50	46	-4	-658000	节 8%
3	商业	10977	50	46	-4	-44000	节 8%
4	车库	55840	50	25	-25	-1396000	节 50%
合计 / 综合		338987	50	59	9	2960000	超 17%

（3）超目标成本的原因分析

本项目分四期开发，其中：一期售楼处（三层商业），二期、三期、四期均为住宅、储藏室、车库。表 2.1-5 所示为二期项目拟建建筑物设计特征一览表。

拟建建筑物设计特征一览表　　　　　　　　　表 2.1-5

序	单体建筑	结构类型	基础形式	层数/高度（m）	平面尺寸（m）	室内地坪标高（m）	地下层数	基础砌置深度（m）	±0.000标高（m）	单位面积荷载（kPa）
1	地库	框架	独基	1/3.6	420×160	60.6	1	1	65	150
2	公建	框架	筏板	2~3/9~12.5	44×33.5	64.3	1	3	64.3	120
3	21号楼	剪力墙	筏板	14/42.7	49.2×14.5	65.6	1	6.2	65.6	200
4	22号楼	剪力墙	筏板	14/42.7	49.2×14.5	65.8	1	6.2	65.6	200
5	23号楼	剪力墙	筏板	14/42.7	49.2×14.5	65.6	1	6.2	65.6	200
6	24号楼	剪力墙	筏板	18/53.8	41.1×14.1	65.4	2	6.8	65.4	300
7	25号楼	剪力墙	筏板	18/53.8	41.1×14.1	65.4	2	6.8	65.4	300
8	27号楼	剪力墙	筏板	12/36.7	28.4×13	65.2	1	6.2	65.2	180
9	28号楼	剪力墙	筏板	14/42.7	52.6×11.8	65.2	1	6.2	65.2	200
10	29号楼	剪力墙	筏板	11/33.15	41.1×12.1	65.4	1	6.2	65.4	170
11	30号楼	剪力墙	筏板	18/53.8	41.1×14.1	65.4	2	6.8	65.4	300
12	31号楼	剪力墙	筏板	10/31.7	51×12.5	65.2	1	6.2	65.2	170
13	32号楼	剪力墙	筏板	11/33.15	68.2×12.3	65	1	6.2	65	170
14	33号楼	剪力墙	筏板	11/33.15	65.1×12.3	65	1	6.2	65	170

因常规强夯处理后的地基承载力满足不了 15 层（含）以上住宅的要求，设计院采用预应力管桩基础。

经前期详勘，本项目地块表层为约 2.5m 深的杂填土，以下为约十余米深的湿陷性黄土。湿陷性黄土为中高压缩性土，承载力较低，需进行地基处理后方可用于持力层。普通强夯处理后的地基承载力能达到的最大值为 260kPa 以内，而本项目中有 3 栋 15 层以上建筑（24 号楼、25 号楼、30 号楼）的单位面积荷载设计的地基承载力为 300kPa，普通强夯无法满足设计要求，其他单体建筑及车库均可以使用普通强夯技术。因此，在勘察报告中建议的地基方案如表 2.1-6 所示。

勘察报告建议的地基与基础设计方案　　　　表 2.1-6

序	业态		建议方案	详细描述
1	住宅	15层（含）以上	PHC 预应力管桩	以⑥层细砂或以下地层为桩端持力层。其实际桩长桩径应由设计根据建筑物上部结构荷载特征结合地层情况及岩土参数予以确定
2		15层以下	强夯	建议采用天然地基，挖除上部填土后，可采用换填或强夯法处理，结合采取必要的结构与防水措施，以部分消除基底下黄土湿陷性，提高地基承载力，增强地基均匀性
3	地下车库		强夯	对于拟建地下车库，可采用天然地基，采用强夯置换方式部分消除基底下黄土湿陷性，以提高地基承载力，增强其均匀性。其实际承载力及变形参数应通过现场载荷试验予以确定

在收到地勘报告后，作为成本管理者，有以下两个疑问：

（1）根据勘察报告的建议，15层（含）以上住宅采用PHC预应力管桩，有无优化空间？

（2）在保障结构安全性的前提下，是否存在经济性更优的设计方案？

2. 优化过程及结果

在收到地勘报告后，在结构设计之前，项目公司总经理、设计管理部、成本管理部共同商讨，决定对15层（含）以上住宅采用的基础方案进行优化。

在达成一致意见后，开展了以下几项主要工作，包括：借助外部技术力量寻求优化方案，对新工艺进行实地考察论证其可行性，优化效益测算，优化方案的可行性分析，编写专项管理建议的报告，与设计管理部进行沟通和协同。

1）借助外部技术力量寻求优化方案

公司内刚刚结束的B项目为强夯地基，该项目的施工单位C为山东省内强夯施工的技术泰斗级单位且为我司优秀合作单位。在处理B项目高达十几米的垃圾土地基强夯时，提供了大量的技术支持，施工质量好并且按期完工，B项目已于2019年交付，至今无质量问题。

因此，在本项目地勘报告出具后，设计部及项目公司决定找C单位来商讨可行的技术方案。

2020年7月20日，项目公司与施工单位C就地基处理方案共同进行商讨。

基于同一地块的两种地基处理方式，对15层（含）以上住宅地基与基础方案，施工单位C提出了一种可满足设计承载力要求的强夯新工艺——孔内深层强夯法。

孔内深层强夯法是一种深层地基处理方法，先成孔至预定深度，然后自下而上分层填料强夯或边填料、边强夯，形成高承载力的密实桩体和强力挤密的桩间土。可处理超深的杂填土、湿陷性黄土、淤泥质土等地质。孔内深层强夯施工工艺为施工单位C发明的实用新型专利。2019年，施工单位C因其研发的火箭锤预成孔深层强夯地基处理施工工法，被评为济南市建设工程优秀工法实施单位。

孔内深层强夯法的基本原理：通过孔道将强夯引入地基深处，用异形重锤对孔内填料自下而上分层进行高动能、超压强、强挤密的孔内深层强夯作业，在使孔内的填料沿竖向深层压密固结的同时，对桩周土进行横向的强力挤密加固。针对不同的土质采用不同的工艺，使桩体获得串珠状、扩大头和托盘状，有利于桩与桩间土的紧密咬合，增大相互之间的摩阻力。按该工法进行地基处理后整体刚度均匀，承载力可提高2～9倍，变形模量高，沉降变形小，不受地下水影响，地基处理深度可达25m以上。

该工艺具有较多的优点，具体详见表2.1-7。

孔内深层强夯工艺的优点一览表   表2.1-7

序	类别	优点描述
1	对周边环境的影响	振动小：可靠近建筑物施工，安全距离1～6m
2	处理深度	处理深度大：最大处理深度可达25m以上
3	转换率	置换率高：橄榄形锤可夯进十几米甚至更深的土体，将平地夯出一个直径1.2m的深孔，分层夯填过程中将置换墩体的直径扩至1.6m甚至更大
4	承载力	承载力高：可达360kPa以上，适用于高层建筑
5	均匀性	均匀性好：垂直方向和水平方向的均匀性优于普通强夯
6	建筑垃圾利用	可大量资源化利用建筑垃圾，且不需加工或简单加工
7	经济性	价格低：相对灌注桩和预制桩，可降低90%以上的材料费
8	适用性	适用性广：可处理超深的杂填土、湿陷性黄土、淤泥质土等

2）对新工艺进行实地考察，论证其可行性

对于施工单位C提出的新工艺，项目公司、设计管理部、成本部决定考察其在建项目的实施情况，并论证其可行性。

目前，在项目所在城市采用此工法的项目有两个：济南D项目、E项目，D项目与本项目类似。下面分别介绍两个项目的考察情况：

（1）D项目需要地基处理的是8栋高层（两栋17层、六栋18层）住宅和1个车库。

高层采用孔内深层强夯置换，面积约8000m²，置换墩的长度不小于10m，墩径不小于1m，处理后复合地基承载力特征值为330kPa。

车库采用普通强夯，面积约2.4万m²，消除湿陷性黄土的湿陷性强夯处理深度不小于5m，处理后的地基承载力特征值提高至180kPa（图2.1-1、图2.1-2）。

主楼基底标高在89.300～90.750m之间，施工区位于基坑内，基坑深度3～5m，南侧距离三期的洋房约20m，北侧距离民房约16m。

图 2.1-1　孔内深层强夯　　图 2.1-2　机缩杆的位置（机缩杆下面是锤身）

（2）E 项目主要为生产综合楼、水泵房，建筑面积约 7200m²。该工程西侧新建挡土墙距离河道 5m，东侧新建变电站距离道路 3m，北侧距离原有建筑 3.5m，南侧较为空阔。主楼采用孔内深层强夯进行地基处理，地基处理深度为 8 ~ 13m，处理后复合地基承载力特征值为 300kPa。挡土墙采用孔内深层强夯进行地基处理，地基处理深度为 8 ~ 13m，处理后复合地基承载力特征值为 260kPa。其余部位采用快速液压强夯进行处理，处理后地基承载力不小于 260kPa。

3）优化方案的收益测算

经实地考察，施工单位 C 提出的新工艺质量可靠且能满足本项目地基承载力要求。项目公司开会协商后决定，请施工单位 C 出具详细的地基处理方案，进行经济测算。

2020 年 7 月 30 日，对施工单位孔内深层强夯设计方案和设计单位管桩方案，以 24 号楼为例进行了经济性对比，结果如下。

（1）方案一：采用预应力管桩

按设计院出具的具体设计方案，管桩为 PHC 500 AB 100 型，桩长为 19m，桩尖形式为平底十字形闭口钢桩尖，以第五层粉质黏土为桩端持力层，单桩承载力特征值为 1000kN。总桩数为 180 根。

成本估算：180 根 ×19m×249 元 /m=851580 元。

（2）方案二：孔内深层强夯

孔内深层强夯工艺的成本包括两部分：一是孔内深层强夯工艺的造价；二是建筑物基底范围内换填粗骨料的造价。

采用孔内深层强夯工艺地基处理造价合计：455598+153034=608632（元）。

折合基底强夯面积单价：608632/1120.76=543（元 /m²）。

估算明细详见表 2.1-8、表 2.1-9。

孔内深层强夯做法、工程量及造价分析　　　　表 2.1-8

序	计算项	单位	数据项	说明
1	外扩 4m 后长度	m	49.7	L=45.7+4=49.7（m）
2	外扩 4m 后宽度	m	22.55	W=18.55+4=22.55（m）
3	外扩后每栋楼座地基处理面积	m²	1120.76	$S=L \cdot W$=1120.76m²
4	孔位点数	个	136	3m×3m 布点
5	单个孔位点深度	m	7	7×136=952（m）
6	成孔费	元	190400	200 元/m×952m=190400 元
7	骨料主材费	元	211388	0.55（柱锤半径）×1.4（充盈系数）×2×3.14×7（深度）×136=1772.35m²，1772.35m²×119.27 元/m²（不含税价）=211388.19 元
	造价小计	元	455598	[（6）+（7）]×1.01（管理费）×1.03（利润）×1.09（税金）

孔内深层强夯后碎石、块石等粗骨料垫层工程量及造价分析　　　　表 2.1-9

序	计算项	单位	数据项	说明
1	填料面积	m²	1120.76	S=1120.76m²
2	填料深度	m	0.8	填料深度为：H=0.8m
3	填料工程量	m³	896.61	$V=S \cdot H$=1120.76m²×0.8m=896.61m³
4	换填料综合单价	元/m³	119.27	不含税价
5	换填料上部强夯综合单价	元/m³	25	即每栋楼换填料总造价为：119.27 元/m³（不含税价）×896.61m³=106939.87 元
6	24 号楼换填料总造价	元	106940	119.27 元/m³（不含税价）×896.61m³=106939.87 元
7	每栋主楼强夯总造价	元	28019	25 元/m²×1120.76m²=28019 元
	造价小计	元	153034	[（6）+（7）]×1.01（管理费）×1.03（利润）×1.09（税金）

4）两方案对比

单体楼费用差异为：851580-608632=242948（元），即孔内深层强夯方案比常规管桩方案降低成本 29%（表 2.1-10）。

单方成本差异为：242948/8805.53（24 号楼总建筑面积）=27.6 元/m²。

地基与基础方案成本对比表　　　　表 2.1-10

序	方案一 预应力管桩		方案二 孔内深层强夯		差值
	做法	造价	做法	造价	
1	预制管桩（PHC 500 AB 100 型）	851580	孔内深层强夯	401788	—
2	1. 桩长为 19m		孔内深层强夯后碎石、块石等粗骨料垫层	106940	
3	2. 总桩数为 180 根 3. 单价：249 元/m		换填料上部强夯	28019	

续表

序	方案一 预应力管桩		方案二 孔内深层强夯		差值
	做法	造价	做法	造价	
费用合计（元）	851580		费用合计 =[（1）+（2）+（3）]×1.01（管理费）×1.03（利润）×1.09（税金）	608632	−242948
建筑单方指标（元 /m²）	96.71		建筑单方指标（元 /m²）	69.12	−27.6

优化后的设计方案估算控制在目标成本之内。详见表 2.1-11。

优化设计方案成本估算与目标成本对比表 　　表 2.1-11

序	产品	设计方案	目标成本（元 /m²）	方案优化后（元 /m²）
1	住宅（15 层（含）以上）	孔内深层强夯	50	69
2	住宅（15 层以下）	强夯	50	46
3	商业	强夯	50	46
4	车库	强夯	50	25
	合计 / 综合	—	50	49.88

5）为了进一步确保方案的可行性，公司决定组织专家论证会

2020 年 8 月 7 日，公司组织召开了专家论证会。参会人员为项目公司领导、集团总工、设计部相关人员、地勘单位人员、设计院结构设计人，邀请专家包括：设计院结构总工、施工单位 C 总经理（工程技术研究员）、省建科院地基基础所技术总工、山东大学教授（市深基坑工程评审专家）、市勘察建设工程勘察设计质监站研究院总工（研究员）。经过充分讨论，形成以下结论：

（1）在现有条件下，项目 15～18 层高层建筑采用孔内深层强夯地基处理方法基本可行。15 层以下单体地基采用普通强夯进行处理。

（2）要求提供详细设计要求，施工前进行工艺验证确定相关参数，并根据试验结果优化施工参数。

（3）考虑工艺挤土隆起效应，建议增强持力层强夯能量。

（4）严格进行质量检测，适当增加墩体和墩间土的承载力检测数量。

6）对"孔内深层强夯"方案进行可行性分析

项目部对本项目采用的"孔内深层强夯"方案从六个方面进行可行性分析（详见表 2.1-12），其中着重对技术可行性进行了详细分析，以便预先分析实施中可能遇到的障碍，提前采取对策。

		孔内深层强夯方案的可行性分析表	表 2.1-12	
序	问题	回复		结果
1	技术可行性如何？	满足设计承载力要求，详见以下说明		可行
2	施工实现性如何？	孔内深层强夯更方便施工，振动小，可靠近建筑物施工		可行
3	经济合理性如何？	在成本上具有优势，可以节省 28 元 /m²		合理
4	法律合规性如何？	不违反现在执行的规范		合规
5	进度达成性如何？	孔内深层强夯方案工期可缩短，工期上对比预制管桩一栋楼施工周期能节省 20d 左右且试验检测加速		可行
6	政治接受度如何？	该优化方案并不增加各职能部门工作量，也并不会对其他专业工程有负面影响，且有利于加快地基处理工程进度，促进提前预售		可行
	综合评估	可行		

针对设计可能担心的承载力问题，着重对承载力验算值进行了分析。

承载力验算值计算公式如下：

$$f_{spk} = \beta_p m f_{pk} + \beta_s (1-m) f_{sk}$$

式中 β_p——置换墩承载力修正系数；

β_s——墩间土承载力修正系数；

f_{spk}——置换强夯复合地基承载力特征值（kPa）；

f_{pk}——置换墩承载力特征值（kPa）；

f_{sk}——墩间土承载力特征值（kPa）；

m——面积置换率（%）。

根据以上参考数据各项参数取值如下：

β_p、β_s 可按地区经验估值，该项目为筏板基础，参考《建筑地基处理技术规范》JGJ 79—2012 第 3.0.4 条规定，结合山东土木建筑学会标准《组合锤法孔内深层强夯技术标准》T/SDCEAS 10019—2022 第 4.3.1 条规定，本项目修正系数取 1。

f_{pk}——置换墩承载力特征值试验数据为 760kPa，现取值 700kPa。

f_{sk}——墩间土承载力特征值试验数据为 290kPa，现取值 200kPa。

m——面积置换率，依据《复合地基技术规范》GB/T 50783—2012；墩体置换直径可取锤直径的 1.1 ~ 1.4 倍，施工锤直径为 1.1m，现根据施工经验墩体置换直径取 1.54m。3m × 3m 正方形布点，单点处理面积为 9m²，取值后置换墩面积为：1.54m × 1.54m × 0.785=1.86m²，所以现 m 取值为 0.21。

$$f_{spk} = m f_{pk} + (1-m) f_{sk}$$

$\qquad$=0.21 × 700kPa+（1-0.21）× 200kPa

$\qquad$=147kPa+0.79 × 200kPa

$\qquad$=147kPa+158kPa

= 305kPa

>300kPa

即：计算后地基承载力 305kPa 满足设计承载力要求。

7）与项目及各职能部门沟通和协同，确定最终设计方案

项目部在完成了优化方案的技术、经济可行性论证后，召开会议，邀请集团总工、项目总经理、设计管理部、成本管理部参加，会议上达成一致意见：鉴于新工艺在确保安全的前提下能加快工期、节省造价，对项目整体有利，决定对 15 层（含）以上住宅采用孔内深层强夯工艺方案进行施工。

8）编写并向项目管理层提交书面管理建议

在设计管理部就该项管理建议达成一致后，由设计管理起草专项设计管理建议，向管理层专题汇报。

具体内容包括：

（1）设计文件要求 15 层（含）以上高层建筑，采用孔内深层强夯进行地基处理，地基处理深度为 7m，处理后复合地基承载力特征值为 300kPa。

（2）工程施工技术要求地基处理后主楼应达到地基承载力特征值 300kPa，地基处理后整个场区沉降变形应均匀。

（3）施工方案及孔内深层强夯各参数。包括：

①本工程孔内深层强夯处理深度不小于 7m，孔内深层强夯置换处理范围每侧宜超出基础外边缘 4m。

②主楼墩体可采用自然级配的块石、碎石、建筑渣石等坚硬粗颗粒材料，且粒径大于 300mm 的颗粒不宜超过 30%，含土量不大于 20%，有机物含量不超过 5%。当采用建筑矿渣为粗骨料时，除上述要求外，建筑矿渣污染物含量应符合《一般工业固体废物贮存和填埋污染控制标准》GB 18599—2020 的要求。

③对施工机械的要求：孔内深层强夯所用夯锤为直径 0.8 ~ 1.5m 的细长型柱锤，橄榄锤高 6m，加长杆为 4m（图 2.1-3）。其静压力可达到 200kPa 左右。孔内深层强夯法在施工过程中，柱锤自上而下冲击，先由势能转化为动能、继而转化为冲击能，这种短时冲击荷载对地基土的性质影响较大，在地基土中产生较大的冲击波与动应力，使得地基土的孔隙压缩减小。

根据岩土勘察报告，结合以往同类工程施工经验和本场地的工程地质条件，提出如下施工参数及方法：（主楼宜采用孔内分层夯击处理方法）。

（1）土方单位首先对现场整平至垫层底以下 50cm，然后采用 16t 橄榄锤夯扩成孔至 7m 深，3m×3m 正方形布点，用装载机往孔内回填 1 ~ 1.5m 厚的碎石、块石等粗骨料，

用 16t 橄榄锤重新夯至 7m，即复打第一次。

（a）橄榄锤高 6m，加长杆为 4m　　　　　（b）橄榄锤夯击成孔的直径约 1100mm

图 2.1-3　橄榄锤施工照片

（2）再用装载机往孔内回填 1~1.5m 厚的碎石、块石等粗骨料，逐层回填、强夯至高程以下 3m（这时孔内强夯时可以将 16t 橄榄锤降低 1/2 落距），孔内最上面 2~3m 虚填，然后铺 80cm 厚的碎石、块石等粗骨料。采用 3000kN·m 强夯在原点上点夯 8~10 击使孔内 3m 虚填骨料达到密实效果，用推土机整平夯坑，上部 25cm 推至夯坑内填平，且保证墩间土回填料厚度为 55cm。

（3）最后采用 1000kN·m 满夯 2~3 击，满夯后回填料厚度为 50cm，达到基底标高（夯后不再留强夯保护层）。强夯范围为基础外边缘外扩 4m。

9）工程招标及后续项目实施情况

2020 年 9 月，二期项目施工时该技术属于新技术，省内仅有少数施工单位可以进行施工，具有竞争性的单位较少，投标价格缺乏竞争性，导致深层孔内强夯最低价格为 594 元 /m²（按基地强夯面积），高于测算价格 543 元 /m²。

2021 年 9 月，在三期项目招标时，该技术已经在市场中得到推广并进行改进，可施工单位数量增加，投标价格具有竞争性，三期中标价格为 500 元 /m²，总体费用预计可以控制在目标成本范围内（表 2.1-13）。

孔内深层强夯单价对比表　　　　　　　　　表 2.1-13

费用项目	单位	二期测算价	二期中标价	三期中标价
孔内深层强夯	时间	2020 年 8 月	2020 年 9 月	2021 年 9 月
1. 强夯处理深度不小于 7m；	元 /m²	543	594	500
2. 夯后承载力特征值不小于 300kPa； 3. 工程量按基底面积外扩 4m 计算	比例	100%	109%	92%

10）工程实施情况及后评估

目前二期已交付并投入使用，施工质量可靠，单体工期较管桩施工缩短 9d/ 栋，为首期开盘创造了有利条件。

11）工程结算情况

结算时施工单位要求按实际深层强夯面积计算，造价人员仔细查看了技术及设计要求，严格按照基底外扩 4m 进行计算，严格把控住造价。

3. 经验教训总结

1）本案例中可以总结的经验

（1）管理方面

①严格控制刚性成本。地基与基础工程为刚性成本，在保证结构安全的前提下，多方寻找可行方案，并使用成本最优的设计方案。在本案例中，虽然原设计方案已经是通常最优的设计方案，但因其超过目标成本，就需要寻找更优化的方案。通过对标借鉴类似项目，终于找到了新的强夯工艺，可以实现以更低的成本达到相同的结构功能。

②善于发挥优秀合作伙伴的优势，实现双赢。术业有专攻，专业的事情交给专业的人去做。在本案例中，针对设计方案超目标成本的情况，积极与本地区技术实力强的施工单位进行沟通，发挥其专利技术的优势，请其为项目制订地基与基础设计方案。最终将管桩方案优化为孔内深层强夯方案，降低了成本又缩短了工期。

③良好的跨专业沟通是做好优化的基础。项目间进行信息沟通无障碍，项目总及职能部门密切配合，沟通无障碍，积极推动优化方案的落地。在本案例中从收到地勘报告，提出基础方案进行优化设想，对新工艺进行实地考察，论证其可行性，到确定最终设计方案，整个结构方案优化过程仅仅用了 25d。在优化过程中设计管理部、成本管理部、项目总经理等多方共同协商，快速推进，实现优化方案快速落地。

④加强过程控制和结算管理是确保优化效果的最后一环。在优化方案确定后，结算人员应与测算人员紧密沟通，并且定时进行总结、评估，避免前期测算结余，后期实际招标、结算时，因理解、沟通不到位等问题，造成优化节约费用没有达到预想的效果。

（2）技术方面

随时关注新材料、新技术的应用情况。作为专业技术人员需要有一定的创新意识，积极了解行业内新技术的应用动态。在本案例中，积极向外寻求技术助力，当得知有新工艺时，积极参与新技术实施项目的考察，开阔眼界，并从技术、经济等多方面论证其可行性。

2）本案例中可以改进的地方

（1）管理方面

需要对新材料、新技术的运用始终保持成本的敏感性。

孔内深层强夯技术于 2019 年开始实施，如果不是因为本项目遇到超目标成本的问题，成本团队都没有接触甚至没有听说过这种新的工艺。由此可见，我们平时过多地沉浸于事务性的工作中，而忽视了对新工艺、新技术的了解和学习。因此，建议定期组织团队成员参观学习新工艺、新技术，避免"书到用时方恨少"，往往需要用到了，才开始考察，论证其可行性，造成时间比较仓促；甚至很多新材料、新技术因时间问题无法在项目首期推行。通过考察和学习积累类似案例经验，如果项目需要，可以及时拿来使用；如果项目暂时不需要，就可以作为知识储备。

（2）技术方面

加强目标成本编制的准确性，做好数据沉淀工作。本项目在制定目标成本时，对于"基础桩基及基础处理"科目的目标成本数据编制的颗粒度较粗，目标成本均全部按 50 元 $/m^2$ 计入，未考虑到不同高度的建筑产品有不同的处理方案，不同的方案有不同的成本指标。经过这次优化后，可以深化该科目的目标成本编制深度，为后期新项目制定目标成本提供更准确的成本数据。

【案例 2.2】

昆山某住宅项目桩基优化为劲性复合桩

一般情况下，桩基础的优化类型主要有以下 4 类：①桩基础选型；②降低建筑物总荷载；③提高桩基础的总承载力；④通过精细化设计降低混凝土和钢筋用量等指标。

本案例是桩基选型优化，通过成本前置管理，从初勘和方案设计阶段，进行桩基础的多方案比选；在常规方案估算仍超目标成本的情况下，积极应用当地新技术，选择最适合的设计方案，将成本控制在目标成本范围内，避免了后期招标时被动调整设计方案或定标金额超目标成本的问题（表 2.2-1）。

优化前后对比简表　　　　　　　　　　　　　　　　表 2.2-1

对比项		优化前	优化后	优化效果
桩基础总成本（万元）		4171	3080	减少 1091（26%）
桩基础成本指标（元/m²）		97	72	减少 25（26%）
桩基础选型	塔楼	灌注桩	MC 劲性复合桩	—
	纯地下室	竹节桩	MC 劲性复合桩	—
主要工程量	塔楼打桩（m）	44910	29912	减少 14998（33%）
	地下室打桩（m）	197201	96253	减少 100948（51%）
	塔楼拔旧桩（m）	14176	7088	减少 7088（50%）
	地下室拔旧桩（m）	18580	9290	减少 9290（50%）

1. 基本情况

1）工程概况（表 2.2-2、表 2.2-3）

工程概况表　　　　　　　　　　　　　　　　表 2.2-2

工程地点	江苏省苏州市昆山
工程时间	2019 年 9 月
物业类型	本工程拟建的住宅楼，地上除 1~2 栋 11 层小高层外，其余均为 24 层、26 层的高层住宅。其余配套单体为 4 层商业、3 层幼儿园等多层建筑
项目规模	总建筑面积约 43 万 m²，其中：地下室约 10 万 m²
结构类型	小高层、高层住宅上部结构采用剪力墙结构
基本参数	地下室为 1 层，开挖深度为 3.8m 左右。场地现为空地（原为厂房，已拆除，现场浅部回填土层中存在建筑垃圾，地下暗埋有桩基础）

本项目土质特征表 表 2.2-3

编号	土层	层厚（m）	空间分布	岩性特征	工程性质
①₂	杂填土	0.5 ~ 1.3	多有分布	杂色，松散~松软	压缩性不均，工程特性差
①₃	素填土	1.2 ~ 3.7	多有分布	以黏性土为主，夹有少量建筑垃圾	压缩性偏高且不均，工程特性差
②	粉质黏土	0.7 ~ 1.9	多有分布	灰黄~灰色，可塑	压缩性中等偏高，工程特性一般
③	淤泥质粉质黏土夹粉质黏土	0.8 ~ 3.7	均有分布	灰色，流塑，含少量有机质	压缩性中高，工程性能差
④₁	黏土	2.5 ~ 4.8	均有分布	暗绿、灰黄色，可塑、硬塑	压缩性中等，工程特性良好
④₂	粉质黏土	0.8 ~ 1.8	均有分布	灰黄色，可塑、软塑	压缩性中等，工程特性中等
⑤₁	粉砂夹粉土	4.4 ~ 6.2	均有分布	灰黄色，稍密、中密、饱和	压缩性中等，工程特性中等
⑤₂	粉砂夹粉土	5.3 ~ 8	均有分布	灰黄色，中密、密实、饱和	压缩性中等，工程性能较好
⑥	粉质黏土	0.4 ~ 2.5	场地内均有分布	灰色，软塑、流塑	压缩性中高，工程特性一般
⑦	粉砂夹粉土	31.5	均有分布	灰色，中密~密实，饱和	压缩性中等，工程特性较好
⑧	粉质黏土	5.3	均有分布	灰色，可塑、软塑	压缩性中等，工程特性中等

2）主要限制条件

（1）按公司成本管理制度，一般情况下定标金额超过目标成本将无法定标。

（2）拟建场地内存在旧厂房桩基础，较大程度地影响新建建筑物桩基础定位位置设定。

3）目标成本情况

拿地测算时目标成本按钻孔灌注桩考虑，目标成本金额 3900 万元，总建筑面积 43 万 m²，建筑面积单方指标 91 元 /m²，目标成本测算详见表 2.2-4。

目标成本测算表 表 2.2-4

名称	布桩率	平均桩长（m）	工程量（m³）	综合单价（元 /m³）	合价（元）	单方指标（元 /m²）
桩基础	0.45%	35	26000	1500	39000000	91

2. 优化过程

本案例对设计方案进行了两次优化，共降低成本 1091 万元。

在初次方案比选阶段，按设计给出的常规方案，确定了相对经济的设计方案，但仍超出目标成本；第二次方案比选，充分结合了现场的实际情况，选用劲性复合桩，不仅节约了桩基工程成本，还降低了旧桩拔除成本（表 2.2-5）。

桩基优化前后指标对比表 表 2.2-5

对比项	目标成本	初次方案	二次方案	降低成本
总价（不含拔旧桩）（万元）	3900	4171	3080	1091
单方指标（元 /m²）	91	97	72	25
差异	100%	107%	74%	优化率 26%

1）地质勘察情况

根据地质勘察报告，结合本地的实际情况，高层住宅塔楼区域以⑦层粉砂夹粉土层为桩基持力层，可采用灌注桩或预制桩方案。

纯地下室（非塔楼区域）以⑤₂层粉砂夹粉土层为桩基持力层，可采用江苏省特殊预制抗拔管桩、预制方桩、竹节桩方案（表 2.2-6）。

地基承载力特征值 f_{ak} 及桩基参数表 表 2.2-6

土层名称及代号	承载力特征值 f_{ak}（kPa）	预制桩		钻孔灌注桩		抗拔系数 λ
		极限侧阻力标准值 q_{sik}（kPa）	极限端阻力标准值 q_{pk}（kPa）	极限侧阻力标准值 q_{sik}（kPa）	极限端阻力标准值 q_{pk}（kPa）	
②粉质黏土	80	25	—	20	—	0.72
③淤泥质粉质黏土夹粉质黏土	60	18	—	12	—	0.7
④₁黏土	200	65	—	60	—	0.75
④₂粉质黏土	150	55	—	50	—	0.72
⑤₁粉砂夹粉土	150	52	2000	48	—	0.5
⑤₂粉砂夹粉土	200	70	4000	60	—	0.5
⑥粉质黏土	110	35	—	30	—	0.72
⑦粉砂夹粉土	180～200	65～75	4000～6000	60～70	1000～1200	0.5
⑧粉质黏土	150	—	—	—	—	—

本项目地质情况特殊：拟建场地内存在旧厂房桩基础，前期应委托第三方勘察单位进行实地摸排，结合原有建筑设计图纸，确定原有桩基的准确位置，以便指导设计进行避让或者处理。

2）初次方案比选

拿到初勘报告后，项目部要求设计院结构设计师区分部位出具桩型比选方案，供项目成本部测算造价，评判经济合理性。

初稿方案比选后最优方案的成本金额为 4171 万元，超目标成本 271 万元，不满足要求（表 2.2-7、表 2.2-8）。

初稿方案成本估算表 表 2.2-7

成本项	建筑面积（m²）	建面单方指标（元/m²）	金额（元）
塔楼区域——DN700mm 后压浆灌注桩	330205	78	25755990
纯地下室区域——竹节桩	98252	99	9726948
拔除费用——破除老桩	428457	14.53	6223640
小计	428457	97	41706578

初稿方案与目标成本对比表 表 2.2-8

对比项	目标成本	初次选型方案
总价（万元）	3900（不含拔桩）	4171
单方指标（元/m²）	91	97
差异	100%	107%

（1）塔楼桩基方案比选

经过对比分析，采用桩径为 600mm 的预应力管桩方案经济性更优，但因一期项目在交楼后出现的质量问题可能存在对销售的负面影响。经公司专题会议研究，考虑到销售需要，决定采用相对经济的桩径 700mm 的后注浆灌注桩方案（表 2.2-9）。

灌注桩与预制管桩方案施工比较表 表 2.2-9

对比项	桩端后注浆钻孔灌注桩	普通钻孔灌注桩	预应力管桩 PHC
质量控制	工艺成熟；钢筋笼、混凝土可集中加工，也可现场加工，作业方便。采用桩端后注浆工艺，相对于普通灌注桩，承载力提高 35%。桩身质量较容易控制	工艺成熟；钢筋笼、混凝土可集中加工，也可现场加工，施工方便	工厂预制，桩身质量相对有保证，但现场需对焊接质量严格控制，并做好接头防腐工作
周围环境	需注意泥浆排放等问题，对周边环境一般无影响	需注意泥浆排放等问题，对周边环境一般无影响	静压法施工一般无噪声等扰民问题
挤土效应	无	无	工程桩较多时，挤土效应较明显。须采取相应处理措施，如应力释放孔、防挤沟等
沉（成）桩可行性	本场地钻孔灌注桩成孔条件没有问题，并且钻孔灌注桩为非挤土桩，对施工周边环境影响小。桩端后注浆工艺有效提高了单桩承载力	本场地钻孔灌注桩成孔条件没有问题，并且钻孔灌注桩为非挤土桩，对施工周边环境影响小	由于挤土效应，沉桩略有难度。结合本工程地质情况和地区经验，采取相应措施后（如引孔等）成桩可行，但需要考虑侧摩阻力损失。为确保桩基施工，需提前试桩检验成桩工艺的适用性
施工周期	灌注桩施工周期较长	灌注桩施工周期较长	预应力管桩，厂家批量生成，有现货采购，供货速度快，施工周期短
对销售影响	无影响	无影响	业主认为高层建筑使用管桩不安全，存在负面影响的风险

实践表明，当地的后注浆灌注桩承载力比普通灌注桩提高约35%，经济性优于普通灌注桩，本项目不考虑使用普通灌注桩。

根据地基土层情况，结合柱底及墙底反力，可以确定：

① 24、26层住宅，可选用直径700或800mm的桩端后注浆钻孔灌注桩，单桩承载力特征值3044kN，基本做到每墙下两根桩。

②管桩由于入持力层深度限制，单桩承载力特征值1700kN，需要剪力墙下双排或梅花形布桩。

选取其中某一栋楼（建筑面积23558m²）为例进行对比分析，如表2.2-10所示。

工程造价对比分析 表2.2-10

对比项	后注浆钻孔灌注桩	预应力管桩	后注浆钻孔灌注桩
桩径（mm）	700	600	800
桩长（m）	36	22	30
桩数（根）	89	190	89
单桩竖向承载力（kN）	3044	1700	3044
单栋塔楼总承载力（kN）	270916	323000	270916
综合单价（元/m）	577	320	754
合价（元）	1848628	1337600元	2012112元
建筑面积（m²）		23558	
业态建面单价（元/m²）	78.47	56.78	85.41

（2）纯地下室桩基方案比选

根据地质勘察报告，以⑤₂层粉砂夹粉土层为桩基持力层，设计方给出了预应力混凝土竹节桩、抗拔预制实心方桩、江苏省特殊预制混凝土抗拔管桩三种方案。经过对比分析，纯地下室桩基采用竹节桩方案施工质量能控制，经济性更优，施工周期满足进度要求，故纯地下室桩基选用竹节桩方案。方案分析比较详见表2.2-11、表2.2-12。

竹节桩、实心方桩与特殊预制抗拔管桩方案比较表 表2.2-11

对比项	预应力混凝土竹节桩	抗拔预制实心方桩	江苏省特殊预制混凝土抗拔管桩
桩身质量控制	工厂预制，桩身质量相对有保证，但现场需对焊接质量严格控制，并做好接头防腐工作	工厂预制，质量有保证；现场实际压桩力较高，利于桩基施工；不需另加灌芯连接	工厂预制，桩身质量相对有保证，但现场需对焊接质量严格控制，并做好接头防腐工作
周围环境	静压法施工一般无噪声等扰民问题	静压法施工一般无噪声等扰民问题	静压法施工一般无噪声等扰民问题
挤土效应	抗拔桩布置较稀疏（标准柱网下仅2根左右），挤土效应不明显	抗拔桩布置较稀疏（标准柱网下仅2根左右），挤土效应不明显	抗拔桩布置较稀疏（标准柱网下仅2根左右），挤土效应不明显

续表

对比项	预应力混凝土竹节桩	抗拔预制实心方桩	江苏省特殊预制混凝土抗拔管桩
沉（成）桩可行性	采用单节桩，桩长较短，桩身强度大，穿越粉砂夹粉土层（可采取引孔等措施），成桩时做好桩头保护措施和施工组织设计，成桩质量能够保证	压桩力适中，采用单节桩，穿越粉砂夹粉土层（可采取引孔等措施），成桩时做好桩头保护措施和施工组织设计，成桩质量能够保证	采用单节桩，桩长较短，桩身强度大，穿越粉砂夹粉土层（可采取引孔等措施），成桩时做好桩头保护措施和施工组织设计，成桩质量能够保证
生产周期	养护 28d	养护 28d	养护 3d
施工周期	预应力抗拔管桩，厂家批量生成，需联系厂家确定供货情况，属于专利产品	预制实心方桩生产厂家比较多，有现货采购，采购容易且易于比价	预应力抗拔管桩，厂家批量生成，需联系厂家确定供货情况，属于专利产品

工程造价对比分析表　　　　　　　　　　　　表 2.2-12

对比项	预应力混凝土竹节桩	抗拔预制实心方桩	江苏省特殊预制混凝土抗拔管桩
桩径 / 边长（mm）	500	400	500
桩长（m）	11	14	13
桩数（桩）	1279	1279	1279
综合单价（元 /m）	260	290	250
合价（元）	3657940	5192740	4155670
业态建面单价（元 /m²）	99	140	112

注：选取 37000m² 地下室为例。

（3）旧基础拔除费用

经现场踏勘，本项目内有旧厂房桩基础。为方便施工，工程部预计需要拔除约 4602 根夯扩桩，其中长约 16m 的桩有 886 根，长约 5m 的桩有 3716 根。拟采用机械、人工配合进行分段破除，拔除成本约 190 元 /m。

对旧基础拔除，运用电动压缩空气风镐，破除每米需要 0.07 个台班，需要耗费 0.62 个人工（表 2.2-13）。

旧基础拔除金额计算表　　　　　　　　　　　　表 2.2-13

区域	数量（m）	综合单价（元 /m）	金额（元）	建面单方指标（元 /m²）
塔楼区域	14176	190	2693440	8.16
纯地下室区域	18580	190	3530200	35.93
小计	32756	190	6223640	14.53

3）第二次优化设计方案

因初稿设计方案超目标成本，及运用电动压缩空气风镐清除原桩基础后，桩孔回填很难做到密实固结，新桩承载力很难得到保证。加上处理老桩及回填的不均匀性，易引起差异沉降。

基于上述情况，公司组织工程部、设计部、成本部召开专题讨论会，探索和寻找一个经济且易于保证施工质量的设计方案。经过与设计单位多次沟通，设计单位结合现场的实际情况，提出了MC劲性复合桩方案。

（1）MC劲性复合桩桩体结构及作用机理

①基本概念

M指半刚性水泥搅拌土桩，C指刚性混凝土桩。MC劲性复合桩由成熟工法组合或复打而成，在融合各桩优点的同时可以有效避免单一桩型的固有缺陷。其单桩承载力、复合地基承载力、压缩模量和变形计算、验收检测等均有国家规范规程、桩基理论参照，避免了一般新技术、新工艺推广应用中的不利因素。劲性复合桩能根据土质情况、上部结构类型、加固目的等因素灵活变换组合方式，针对性地调整桩径、桩长、掺灰量、强度、颗粒级配、搅拌和复打次数，充分发挥复合桩周软土摩阻力和桩底阻力并匹配材料强度而提供充足的单桩承载力，满足不同的设计要求，是一种适用于沿海软基处理以及针对各种黏性土、液化砂土和粉土采取相匹配的施工工艺的、经济有效的新桩型。

②作用机理：（M以水泥搅拌桩为例，C以PHC管桩为例）

a.压密挤扩作用：劲芯的打入能压密挤扩水泥土体和桩周土体，增加水泥土体密度，使桩周土体的界面粗糙、紧密。

b.改善荷载传递途径及深度：上部荷载作用下的应力会由劲芯快速传递到其侧壁和桩端的水泥土体，再由水泥土体迅速传递给桩周及桩端土体，芯桩承受的荷载会急剧减少。实测12m长的管桩芯桩底应力仅为桩顶应力的12%左右，因此对持力层强度要求不高。

c.形成桩土共同工作的复合地基（图2.2-1、图2.2-2）。

图2.2-1　内芯C桩（PHC桩）实物图

图2.2-2　外芯M桩（水泥土桩）

（2）适用性及可靠性分析

本工程场地有较多的原夯扩桩占位，清除老桩后，桩孔回填很难做到密实固结，新桩的承载力较难得到保证。加上处理老桩及回填的不均匀性，易引起差异沉降。而 MC 劲性复合桩可以解决以上难题，桩孔回填后，先在回填后的桩孔部位采用新型专用设备施工大直径水泥土搅拌桩加固回填土（视情况干喷或湿喷），在水泥土初凝前压入 PHC 预制管桩（或水泥土初凝后施工钻孔灌注桩）。

（3）经济性分析

劲性复合桩，由于外围水泥土搅拌桩对土体的加固和挤密，能很大程度提高单桩抗拔或抗压承载力，特别是提高抗拔承载力效果明显。和采用传统方法在原状土施工的桩相比，劲性复合桩的桩长可减短 1/3 ~ 1/2 或减少桩的根数，不仅综合造价降低 25% 左右，而且采用单节桩或两节桩可以最大限度地减少接桩数量，加快施工进度。

（4）采用劲性复合桩的设计方案

①塔楼

芯桩桩端进入⑦层粉砂夹粉土层，桩长 20 ~ 25m，ϕ 600mm 的预制管桩，极限承载力在 5500 ~ 6000kN 左右。外围水泥土搅拌桩桩径 900 ~ 1000mm，桩长 16 ~ 18m，水泥掺量 13% ~ 15%。

②纯地下室桩基设计方案

芯桩桩端进入⑤$_1$ 或⑤$_2$ 层粉砂夹粉土层，桩长 13 ~ 15m，400mm × 400mm 的单节方桩，极限承载力在 1500kN 左右。外围水泥土搅拌桩桩径 900 ~ 1000mm，水泥掺量 13% ~ 15%。

（5）对比分析（表 2.2-14、表 2.2-15）

MC 劲性复合桩与灌注桩、竹节桩方案施工比较表　　　　表 2.2-14

名称	MC 劲性复合桩	钻孔灌注桩	竹节桩
桩身质量控制	工艺成熟、作业方便，质量可控	工艺成熟，钢筋笼、混凝土可集中加工，也可现场加工，作业方便	工厂预制，桩身质量相对有保证，但现场需对焊接质量严格控制，并做好接头防腐工作
周围环境	对周边环境一般无影响	需注意泥浆排放等问题，对周边环境一般无影响	静压法施工一般无噪声等扰民问题
挤土效应	挤土效应不明显	无挤土	抗拔桩布置较稀疏（标准柱网下仅 2 根左右），挤土效应不明显
沉（成）桩可行性	本场地条件适宜成桩	本场地钻孔灌注桩成孔条件不成问题，并且钻孔灌注桩为非挤土桩对施工周边环境影响小	采用单节桩，桩长较短，桩身强度大，穿越粉砂层（可采取引孔等措施），成桩时做好桩头保护措施和施工组织设计，成桩质量能够保
施工周期	施工周期可控	灌注桩施工周期较长	预应力抗拔管桩厂家批量生产，需联系厂家确定供货情况属于专利产品

MC 劲性复合桩与灌注桩、竹节桩方案桩基础造价对比表　　表 2.2-15

业态	方案	桩长（m）	数量（根）	桩径（mm）	单位	单价（元）	合价（元）	建面单方指标（元/m²）
塔楼	方案一：MC 劲性复合桩	22	97	水泥搅拌桩直径 900，预制管桩直径 600	m	602	1284668	55
	方案二：灌注桩	36	89	桩径为 700	m³	1500	1848628	78
	差额						563960	23
纯地下室	方案一：MC 劲性复合桩	9	763	水泥搅拌桩直径 900，预制方桩直径 500	m	522	3584574	97
	方案二：竹节桩	11	1279	桩径为 500	m³	260	3657940	99
	差额						73366	2

注：单栋塔楼建筑面积为 23558m²，纯地下室面积按 37000m² 测算。

原方案预计需拔除约 4602 根夯扩桩，费用较高。若采用 MC 劲性复合桩，考虑底板均布桩，相应拔桩比例可以大幅下降至约 50%。故在经济分析时，需要考虑拔桩费用的影响（表 2.2-16）。

MC 劲性复合桩与灌注桩、竹节桩方案拔桩造价对比　　表 2.2-16

业态	方案	拔桩桩长（m）	拔桩数量（根）	单位	单价（元）	合价（元）	建面单方指标（元/m²）
塔楼	方案一：MC 劲性复合桩	16	443	m	190	1346720	4.08
	方案二：灌注桩	16	886	m³	190	2693440	8.16
	差额					1346720	4.08
纯地下室	方案一：MC 劲性复合桩	5	1858	m	190	1765100	17.97
	方案二：竹节桩	5	3716	m³	190	3530200	35.93
	差额					3576650	17.06

注：塔楼建筑面积为 330205m²，纯地下室面积按 98252m² 测算。

考虑拔桩因素后，采用 MC 劲性复合桩成本 3080 万元（表 2.2-15），比初次选型方案节约 1091 万元，且技术可行、质量可控、施工周期满足进度要求（表 2.2-17）。项目部召开会议讨论后，决策选用 MC 劲性复合桩。

初稿方案与二次优化方案经济对比表　　　　　　表 2.2-17

方案	名称	总建筑面积 （m²）	桩基础单方造价 （元/m²）	拔桩单方造价 （元/m²）	单方造价 （元/m²）	合价 （元）
初稿 优化	塔楼灌注桩	330205	78	8.16	86.16	28450463
	地下室竹节桩	98252	99	35.93	134.93	13257142
	小计	428457	83	14	97	41707605
二次 优化	塔楼 MC 劲性复合桩	330205	55	4.08	59.08	19508511
	地下室 MC 劲性复合桩	98252	97	17.97	114.97	11296032
	小计	428457	65	7	72	30804544

4）施工情况

在施工过程中，虽拔除了原预计的老桩 2301 根，但在施工新桩的过程中发现，原预计的拔除老桩点位的精准度有偏差，造成了部分新桩无法施工，不得不变更新桩的位置，增加了施工难度及成本。

3. 经验教训总结

1）本案例中可以总结的经验

（1）管理上

①成本前置管理，须从设计方案抓起。本项目从初勘设计阶段，要求设计方出具桩基础多种方案，便于方案经济性比选，从而选择最适合的施工方案从源头上降低成本，降低超目标成本风险，避免了实施过程中目标成本超支再被动调整方案，成本前置管控减少了开发过程中反复修改图纸导致的工期延长。

②跨界协同管理很重要，需要设计、工程、成本多部门联动。成本管理的业绩，并不单单由成本部门本身决定，须协调设计方案经济性、现场施工管理签证合规性，才能把项目成本管控好。

（2）技术上

MC 劲性复合桩方案可减少拔桩量，缩短施工工期，大幅度降低成本。充分考虑本项目地质情况及场地存在原基础桩的实际情况，提出了 MC 劲性复合桩方案，此方案在施工上可行，并具备经济性上的优势。

2）本案例中可以改进的地方

（1）管理上

①事前没有作调研，在不得已的情况才采用新技术。在本案例中，方案设计未充分考

虑项目的实际情况，仅给出了常规的设计方案。在超目标成本的情况下，才考虑采用劲性复合桩方案，增加了时间成本。

②对原有基础的处理没有作精细化管理。在本案例中，已知拟建场地内有旧厂房桩基础的情况下，未精准确定原有桩基的准确位置，指导设计进行避让，造成了部分新桩无法施工的情况，给施工带来不便及增加了成本。

（2）技术上

暂无。

【案例 2.3】

台州某住宅项目桩基结合地质勘察优化

随着地产"寒冬期"到来，提质、增效、降本成为各大房企度过寒冬期的重要手段，而对于结构性成本的严格控制更是重中之重。

一般情况下，桩基础的优化类型主要有以下 4 类：①合理选择桩基础类型；②合理降低建筑物总荷载；③提高桩基础的总承载力；④精细化设计降低混凝土工程量、含钢量等指标。

本案例属于提高桩基础的总承载力，通过复核桩基承载力利用率合理性，揭示地质勘察中力学参数、试桩静载试验结果等在桩基础优化中的重大价值。本案例通过对地质勘察报告的管理优化，将桩基承载力利用率从 70% 提升至 89%，实现地尽其力，从而实现桩基总桩长减少 22%，桩基工期缩短 6d，明细详见表 2.3-1。

优化前后对比简表　　　　　　　　　　　　　　　　　表 2.3-1

对比项		优化前	优化后	优化效果
桩基础总成本（万元）		3898	3048	减少 850（22%）
桩基础成本指标（元/m²）		271	212	减少 59（22%）
桩基承载力利用率		72%	89%	提高 17%
效能指标（元/t）		12.8	10.0	减少 2.8（22%）
工期（d）		63	57	减少 6（10%）
主要工程量	根数（根）	1891	1711	减少 180（10%）
	总桩长（m）	97970	76588	减少 21382（22%）
	平均桩长（m）	51.81	44.76	减少 7.05（13.6%）
	总方量（m³）	28502	22533	减少 5969（21%）
	含钢量（kg/m）	45	42	减少 3（7%）

1. 基本情况

1）工程概况（表 2.3-2）

工程概况表　　　　　　　　　　　　　　　　　表 2.3-2

工程地点	浙江省台州市
开竣工时间	2018 年 4—6 月
物业类型	刚需型小高层住宅

续表

项目规模	15 幢小高层，地下室为 1 层； 总建筑面积 14.4 万 m²，其中：地下室 3.06 万 m²
地块特征	梯形地块，地下室形状较规则
土质特征	软土地基，淤泥层厚达 10m 左右

2）主要限制条件

根据项目运营全景计划要求，桩基施工许可证办理要求在 2018 年 4 月 16 日之前完成。

设计院在 2018 年 2 月 28 日提供初稿设计方案，按常规预留图纸会审时间 7 个工作日，优化工作须在 2018 年 4 月 2 日之前完成才能不耽误现场施工进度。即合约部组织完成该项优化的时间须控制在 1 个月内。

作者是项目公司成本经理。

3）偏差分析

（1）原设计方案及成本估算

2018 年 2 月 28 日，设计院按时提供初稿图纸，项目合约部当天安排预算人员进行测算。经测算，设计单位提供的初稿方案对应的成本为 3898 万元，总桩长 97970m，平均桩长约 52m，建面单方指标 271 元 /m²。估算明细如表 2.3-3 所示。

优化前桩基造价分析表　　　　　　　　　　　　表 2.3-3

名称	单位	工程量	综合单价（元）	合价（元）	备注
总方量	m³	28502	1143	32569727	综合单价含泥浆外运费用、措施费
钢筋笼	t	1282.6	5000	6413047	钢筋含量 45kg/m³
合计	根	1891	20614	38982774	总桩长 97970m

（2）与目标成本的对比分析

原目标成本是按预制桩编制，为 2592 万元，建面单方指标 180 元 /m²，设计院初稿方案超目标成本 1306 万元。详见表 2.3-4。

桩基设计与目标成本对比表　　　　　　　　　　表 2.3-4

名称	桩型	总价（元）	单价指标（元/m²）	备注
目标成本	预制桩	25920000	180	
原设计方案	钻孔灌注桩	38982774	271	
偏差	当地不允许用预制桩	13062774	91	超出 50%

4）超目标成本的原因分析

经分析，设计方案超目标成本的主要原因有两项：

（1）在编制目标成本时，没有了解到地方法规对桩型的限制，导致管桩这样的常规桩型变更为成本更高的灌注桩。

工程所在城市濒临东海，属于冲积—海积型平原，岩性包括淤泥质粉质黏土、砂质粉土及粉细砂、砂砾石等，其厚度分布不均，因地质较差。

在当地因曾出现过采用预制桩基础的住宅发生倾斜现象，当地主管部门在 2012 年下发文件规定：50m 以上高层住宅项目严禁采用先张法预应力混凝土管桩。设计院按当地常用的泥浆护壁钻孔灌注桩设计。

（2）对设计依据的管理有疏忽，导致桩基设计时按中间勘察报告取值，桩基承载力利用率偏低、经济性较差。

《建筑桩基技术规范》JGJ 94—2008 要求单桩竖向承载力安全系数取 2，单桩竖向承载力特征值 = 单桩竖向极限承载力标准值（静载试验值）/2。

一般判断桩基设计经济合理的方法是复核桩基承载力利用率，因按规范要求已预留 1 倍的安全系数，如果桩基承载力利用率不小于 85%，则相对合理，否则属于设计富余预留过多。计算公式如下：

> 桩基承载力利用率 = 传于基础的标准荷载组合总值 / 桩基础总承载力
>
> （1）桩基础总承载力 = $\sum$ 各楼栋（或地下室）各种桩基础数量 × 相应桩型单桩竖向抗压（抗拔）承载力特征值。
>
> （2）单桩竖向承载力特征值（设计值）：在工作状态下桩所允许承受的最大荷载即为单桩竖向承载力的特征值。
>
> 单桩竖向承载力特征值为单桩竖向极限承载力标准值（Q_{uk}）除以安全系数 2，单桩承受的竖向荷载不应超过单桩竖向承载力特征值。
>
> （3）单桩竖向极限承载力标准值（静载试验值）：桩受到的土的极限抗力或桩所能承受的极限荷载即为其竖向抗压极限承载力。

单桩竖向承载力的确定，取决于两方面：桩身的材料强度、土层或岩层的支承力。单桩竖向极限承载力标准值按单桩竖向静载荷试验确定，则已兼顾到这两方面，单桩竖向静载荷试验的极限承载力标准值必须进行统计：

（1）参加统计的试桩结果，当满足其极差不超过平均值的 30% 时，取其平均值为单桩竖向抗压极限承载力。

（2）当极差超过平均值的 30% 时，应分析极差过大的原因，结合工程具体情况综合确定，必要时可增加试桩数量。

（3）对桩数为 3 根及 3 根以下的柱下承台，则取最小值。

根据设计院提供的资料，本项目的桩基承载力利用率为 71.89%，< 85%，指标显示桩基设计承载力偏低，不合理。详见表 2.3-5。

桩基承载力利用率计算表　　　　　　　　　　　　表 2.3-5

序	楼栋号	结构设计总荷载（kN）	桩基总承载力（kN）	桩基承载力利用率	桩基总承载力利用率是否合理
1	地下室	717913	1069800	67.11%	不合理
2	1 号楼	118196	168400	70.19%	不合理
3	2 号楼	115826	168800	68.62%	不合理
4	3 号楼	134299	187300	71.70%	不合理
5	4 号楼	177222	210100	84.35%	接近合理
6	5 号楼	183519	257900	71.16%	不合理
7	6 号楼	127706	153600	83.14%	接近合理
8	7 号楼	142458	172800	82.44%	接近合理
9	8 号楼	184513	238200	77.46%	不合理
10	9 号楼	126000	182600	69.00%	不合理
11	10 号楼	126000	182600	69.00%	不合理
12	11 号楼	165259	228600	72.29%	不合理
13	12 号楼	165259	230700	71.63%	不合理
14	13 号楼	170522	240600	70.87%	不合理
15	14 号楼	163211	228200	71.52%	不合理
16	15 号楼	222105	308700	71.95%	不合理
	合计	3040008	4228900	71.89%	不合理

经过分析，出现这种情况的原因是设计院按地质勘察中间报告取值设计，而根据以往经验，地质勘察中间报告提供的技术参数一般较保守。

这一情况也从周边地块的勘察报告对标中得到印证。2018 年 3 月 2 日，项目部收集到周边两个项目（安置小区、青少年中心）的地勘报告，并进行对标，发现本项目中间报告取值偏低，主要持力层（中等风化凝灰岩层）的桩端阻力特征值比周边两个项目低 8.5%。

桩端阻力特征值——主要用于端承桩取值的参数，数值越大越有利。端承桩是上部结构荷载主要由桩端阻力承受的桩。它穿过软弱土层，打入深层坚实土壤或基岩（深部较坚硬的、压缩性小的土层或岩层）的持力层中（图 2.3-1）。

　　端承型桩分为端承桩与摩擦端承桩，端承桩是在承载能力极限状态下，桩顶竖向荷载由桩端阻力承受，桩侧阻力小到可忽略不计；摩擦端承桩是在承载能力极限状态下，桩顶竖向荷载主要由桩端阻力承受。

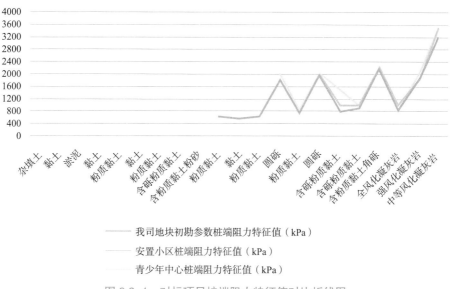

　　——我司地块初勘参数桩端阻力特征值（kPa）
　　——安置小区桩端阻力特征值（kPa）
　　——青少年中心桩端阻力特征值（kPa）

图 2.3-1　对标项目桩端阻力特征值对比折线图

　　桩侧阻力特征值——主要用于摩擦桩取值参数，数值越大越有利。摩擦桩一般指的是桩底位于较软的土层内，其轴向荷载由桩侧摩擦阻力和桩底土反力（桩端阻力）来支承，而桩侧摩擦阻力起主要支承作用的桩（图 2.3-2）。

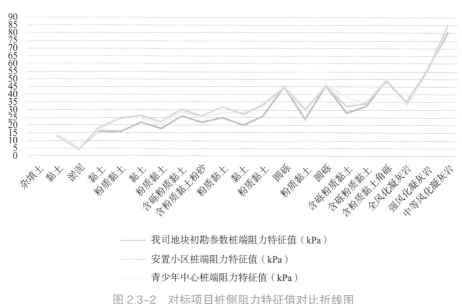

　　——我司地块初勘参数桩端阻力特征值（kPa）
　　——安置小区桩端阻力特征值（kPa）
　　——青少年中心桩端阻力特征值（kPa）

图 2.3-2　对标项目桩侧阻力特征值对比折线图

摩擦型桩分为摩擦桩与端承摩擦桩，摩擦桩是在承载能力极限状态下，桩顶竖向荷载由桩侧阻力承受，桩端阻力小到可忽略不计；端承摩擦桩是在承载能力极限状态下桩顶竖向荷载主要由桩侧阻力承受。

钻孔灌注桩地勘参数对标详见表 2.3-6。

钻孔灌注桩地勘参数对标   表 2.3-6

地层序号	岩土名称	我司地块初勘参数		安置小区		青少年中心	
		桩侧阻力特征值（kPa）	桩端阻力特征值（kPa）	桩侧阻力特征值（kPa）	桩端阻力特征值（kPa）	桩侧阻力特征值（kPa）	桩端阻力特征值（kPa）
①₀	杂填土	—	—	—	—	—	—
①₁	黏土	13	—	14	—	14	—
②₁	淤泥	5	—	4	—	5	—
②₂	黏土	16	—	18	—	17	—
③₂	粉质黏土	16	—	24	—	25	—
④₁	黏土	22	—	26	—	25	—
④₂	粉质黏土	18	—	22	—	20	—
④₃	含砾粉质黏土	26	—	30	—	29	—
④₃₁	含粉质黏土粉砂	22	—	26	—	25	—
⑤₁	粉质黏土	25	600	32	—	28	—
⑤₂	黏土	20	550	27	—	28	—
⑤₃	粉质黏土	26	600	34	—	32	—
⑥₃	圆砾	45	1800	44	2000	45	2000
⑦₁	粉质黏土	24	700	30	800	28	800
⑦₂	圆砾	45	2000	45	2000	46	2000
⑧₁	含砾粉质黏土	28	800	32	1000	38	1500
⑨₁	含砾粉质黏土	32	900	34	1000	34	1000
⑨₂	含粉质黏土角砾	50	2200	48	2200	50	2200
⑩₁	全风化凝灰岩	32	800	35	1000	33	800
⑩₂	强风化凝灰岩	55	1800	55	1800	55	2000
⑩₃	中等风化凝灰岩	80	3200	85	3500	83	3500

2. 优化过程与结果

1）优化可行性分析

项目合约部从技术、施工、进度、合规性、经济性、接受度等角度出发，综合评估本次优化具备可行性。详见表 2.3-7。

优化的可行性分析表 表 2.3-7

序	问题	回复	结果
1	技术可行性如何？	单桩承载力特征值取值受地勘报告内持力层桩侧阻力特征值、桩端阻力特征值直接影响	可行
2	施工可行性如何？	反循环泥浆护壁钻孔灌注桩在当地广泛使用	可行
3	经济合理性如何？	随着单桩承载力特征值提高，桩数量及总桩长会相应减少，可降低基础工程总金额	合理
4	法律合规性如何？	图审机构认可根据试桩破坏性试验检测报告极限荷载值调整地勘报告内相应参数	合规
5	进度达成性如何？	随着单桩承载力特征值提高，桩数量及总桩长会相应减少，可加快施工进度	合理
6	政治接受度如何？	承诺在桩基施工许可证办理之前完成优化，获得区域合约管理部及项目总经理的支持	可行
	综合评估	可行	

2）优化前准备工作

（1）首先进行公司内部协调

①内部沟通一致，获得区域和项目双重支持

2018 年 3 月 5 日，项目合约部在完成上述分析后，同项目工程部、设计部、设计院进行初步沟通：在保证安全的前提下合理压缩设计余量降低成本、压缩工期，符合公司利益。遂向区域合约管理部进行汇报，确定需要进行设计优化。

②项目公司召开设计讨论会，确定优化目标、降本思路、优化方案

2018 年 3 月 6 日，项目公司召集区域设计管理部、合约管理部、项目工程部讨论，会上详细分析设计所依据的规范与调研当地项目工程桩指标，设定了优化目标并同时向集团汇报目标成本超支情况，集团要求先进行优化，待优化完成后根据优化方案结合合同定标价格编制详细说明，再上报集团申请目标成本调整。

a. 目标成本的设定

本项目的桩基工程目标成本设定为控制在当地平均价格水平范围以内。根据调研情况，当地工程桩的单方成本平均在 240 ~ 250 元 /m²。

b. 降本思路

a）从优化地质勘察报告入手。通过与周边地块地勘取值对标验证我司项目地勘报告取值合理性，根据设计试桩破坏性试验检测报告极限荷载值进行优化。

b）控制上部荷载取值，减少桩的承受荷载。

（a）将常用楼（屋）面荷载统一取值，减少非标化取值增加荷载。

（b）标准建筑做法写到设计任务书内，要求按标准建筑做法计算荷载：例，板底抹灰等实际工程中不施工的在建筑做法内取消，不应计入荷载取值。

（c）地下室顶板覆土按项目所在地允许的最小值设计、施工。

c）要求在施工图上设计桩基础时把最低水位、抗浮水位水浮力计入。

抗压桩：桩受力 = 覆土荷载 + 地库荷载 − 最低常水位水浮力。

抗拔桩：桩受力 = 覆土荷载 + 地库静荷载 − 抗浮设防水位水浮力。

d）对于同一栋楼设计桩型时运用价值工程进行取舍：

（a）精细化设计会增加桩的规格，减少工程量的同时增加桩基检测量、费用、工期。

（b）桩长平均值按保守最长的桩长取值，桩型少，检测数量少，缩短检测工期。

e）查看钢筋笼的主筋规格与数量是否合理，常规规格为 $\phi 14mm$，甚至能优化到 $\phi 12mm$。

f）检查钢筋笼长度是否合理：

（a）抗压桩钢筋笼长度为桩长 2/3。

（b）根据浙江省结构标准图集《钻孔灌注桩 2001 浙 G23》规范抗拔桩 L2 段主筋数量配置为 L1 段的 50%。

c. 优化实施方案

经会议讨论，此项优化工作分为三个阶段开展：

a）招标先行：在桩基础招标清单编制中，为保证桩基础招标的及时性和清单工程桩数量的准确性，模拟清单编制时结合周边安置小区地块施工蓝图中的工程桩桩长取值进行计算（安置小区施工图已根据该地块的试桩检测报告进行优化，荷载值更接近实际值）。

事后证明，按此原则优化设计与按设计试桩破坏性试验检测结果优化接近，减少了模拟清单工程量的偏差风险。

b）初次优化：协调地勘单位查验地勘参数取值是否合理？协调设计院根据调整后的地勘参数调整桩基础设计方案。

c）二次优化：在设计试桩破坏性试验检测报告出来后，根据检测报告实际荷载值进行二次优化。

注：在方案阶段提前参与多方案比选，阻力小，效果好；如果在施工图出图后准备施工或正在施工阶段，迫于运营节点压力，优化阻力大，效果差；处于施工阶段时，也可提

出边施工边优化，但相对太困难。

（2）组织地勘单位和设计单位协同

①2018 年 3 月 8 日上午，协同设计部约谈设计院：优化设计后可以减少桩基工程量 20% 左右，涉及降低成本近 1000 万元。而且，优化后还可以加快施工进度，得到了设计院的理解和支持，愿意等地勘参数调整完成后进行详细设计。

②2018 年 3 月 8 日下午，协同设计部约谈地勘单位，地勘单位以地勘中间报告均按现场实际勘察数据为由拒绝调整参数，我们把收集到的周边两个项目（安置小区、青少年中心）的地勘报告给地勘单位进行对标，地勘单位仍拒绝调整参数，理由如下：

a. 青少年中心房屋高度与住宅不一致，钻探深度不一致，无参考作用。

b. 安置小区地勘报告地基土力学参数过高，根据以往经验判断怀疑其地勘报告数据不真实。

③解决地勘单位不愿意参考对标数据调整勘察报告的问题。

a. 2018 年 3 月 9 日，协同地勘单位一起拜访周边地块收集住宅项目地勘报告，经对标三个项目，地基土力学参数均与安置小区类似。约谈地勘单位领导，以对标项目参数为依据我司要求地勘单位复核勘察试验数据，减少富余量，调整参数。

b. 2018 年 3 月 12 日，地勘单位调整地勘参数后，地基土的力学参数在中间报告基础上提高约 5% 依然偏于保守，且不愿意再进行调整。

c. 因地勘参数调整范围不大，设计院不愿意做详细方案，经协调设计院答应等设计试桩破坏性试验检测报告出来后再详细排施工图。

d. 2018 年 3 月 14 日，协同工程部一起催检测中心尽快完成检测，出具设计试桩破坏性试验检测报告。

④解决试桩检测单位不愿意提供单桩实测极限值的问题。

试桩检测单位的配合度较差，受限于内部规定——最大试桩荷载只肯施加到设计单位提供的单桩设计估算极限值，不愿加载到破坏效果给业主提供单桩实测极限值。

2018 年 3 月 15 日，经协调试桩检测单位无果后，项目公司积极协调设计单位进行参数调整，设计院根据当地周边项目经验参数，将单桩设计估算极限值调整到 7200kN。当天项目部重新将设计院调整的参数报告送给试桩检测单位，试桩检测单位同意按调整后报告进行检测，静荷载试验结果已达到破坏性试验效果。

2018 年 3 月 21 日，完成静载荷实验。

⑤地勘单位根据静载荷试验结果调整地勘参数。

2018 年 3 月 21 日，要求地勘单位根据静载荷试验结果对地基土力学参数进行调整，调整后单桩竖向承载力在中间报告基础上提高约 7% ~ 40% 不等。调整前后的地基土力学参数变化详见图 2.3-3、图 2.3-4、表 2.3-8。

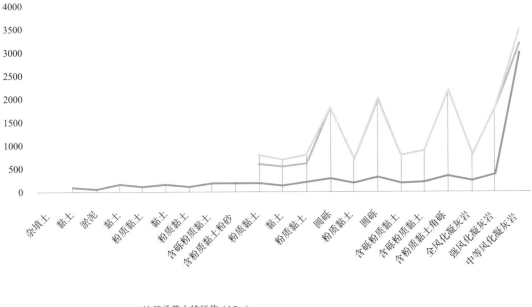

——— 地基承载力特征值（kPa）

——— 钻孔灌注桩（第一次）桩端阻力特征值（kPa）

——— 钻孔灌注桩（调整后）桩端阻力特征值（kPa）

图 2.3-3　调整前后桩端阻力折线图

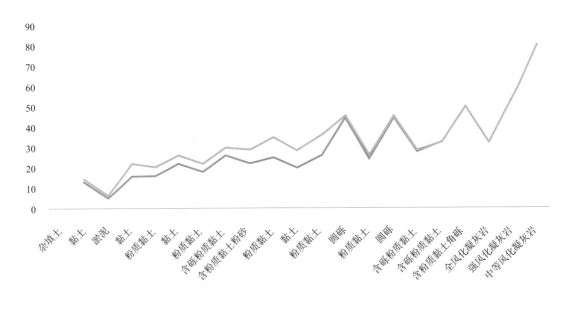

——— 钻孔灌注桩（第一次）桩侧阻力特征值（kPa）

——— 钻孔灌注桩（调整后）桩侧阻力特征值（kPa）

图 2.3-4　调整前后桩侧阻力折线图

调整前后的地基土力学参数表　　　　　　　　　　表 2.3-8

地层序号	岩土名称	地基承载力特征值（kPa）	钻孔灌注桩（第一次）		钻孔灌注桩（调整后）		备注
			桩侧阻力特征值（kPa）	桩端阻力特征值（kPa）	桩侧阻力特征值（kPa）	桩端阻力特征值（kPa）	
①₀	杂填土	—	—	—	—	—	—
①₁	黏土	80	13	—	14	—	侧阻提高 7.7%
②₁	淤泥	50	5	—	6	—	侧阻提高 20%
②₂	黏土	140	16	—	22	—	侧阻提高 37.5%
③₂	粉质黏土	100	16	—	20	—	侧阻提高 25%
④₁	黏土	150	22	—	26	—	侧阻提高 18.2%
④₂	粉质黏土	110	18	—	22	—	侧阻提高 22.2%
④₃	含砾粉质黏土	180	26	—	30	—	侧阻提高 15.4%
④₃₁	含粉质黏土粉砂	180	22	—	29	—	侧阻提高 31.8%
⑤₁	粉质黏土	170	25	600	35	800	侧阻提高 40%，端阻提高 33.3%
⑤₂	黏土	130	20	550	28	700	侧阻提高 40%，端阻提高 27.3%
⑤₃	粉质黏土	190	26	600	36	800	侧阻提高 38.5%，端阻提高 33.3%
⑥₃	圆砾	280	45	1800	45	1800	
⑦₁	粉质黏土	170	24	700	26	700	侧阻提高 8.3%
⑦₂	圆砾	300	45	2000	45	2000	
⑧₁	含砾粉质黏土	180	28	800	28	800	
⑨₁	含砾粉质黏土	190	32	900	32	900	
⑨₂	含粉质黏土角砾	320	50	2200	50	2200	
⑩₁	全风化凝灰岩	220	32	800	32	800	
⑩₂	强风化凝灰岩	350	55	1800	55	1800	
⑩₃	中等风化凝灰岩	3000	80	3200	80	3500	端阻提高 9.4%

3）实施优化

2018 年 3 月 22 日，将优化后的地质勘察报告提交设计院，设计院根据调整后的地勘报告进行设计调整。为缩短设计时间减轻后续运营节点压力，协同设计部去设计院约谈设计院院长，强调优化工作时效性和重要性，并与设计院交底优化思路后要求设计院结构负责人主责完成桩基础优化工作。

公司内部经项目总协调，区域公司结构设计师出差驻点在设计院全程跟踪优化工作，确保时效性和优化质量。

优化前后的变化情况如下（以某一栋楼桩基础方案为例）：

（1）优化前直径 600mm 桩长 46m，优化后桩长 35m。

（2）优化前直径600mm桩长51m，优化后根据不同轴线地质情况区分为桩长37、40、42m（表2.3-9）。

某楼栋优化前后方案对比表　　　　　表2.3-9

对比项		原设计方案	优化后方案	优化效果	优化率
某楼栋	楼栋总根数　根	108	109	增加1	—
	楼栋总桩长　m	5388	3983	减少1405	26%
	楼栋总方量　m³	1523	1126	减少397	26%
	楼栋总成本　万元	208	152	减少56	26%

2018年3月27日设计院完成施工图修改，当日测算验证经济合理性。经复核，优化后图纸桩基础承载力利用率为84%~93%，平均值为88.68%，>85%，相对合理。详见表2.3-10。

优化后桩基承载力利用率　　　　　表2.3-10

序	楼栋号	结构设计总荷载（kN）	桩基础总承载力（kN）	桩基础承载力利用率	复核结果
1	地下室	717913	825600	86.96%	合理
2	1号楼	118196	132380	89.29%	合理
3	2号楼	115826	133200	86.96%	合理
4	3号楼	134299	143700	93.46%	合理
5	4号楼	177222	191400	92.59%	合理
6	5号楼	183519	198200	92.59%	合理
7	6号楼	127706	139200	91.74%	合理
8	7号楼	142458	168100	84.75%	合理
9	8号楼	184513	208500	88.50%	合理
10	9号楼	126000	138600	90.91%	合理
11	10号楼	126000	138600	90.91%	合理
12	11号楼	165259	191700	86.21%	合理
13	12号楼	165259	191700	86.21%	合理
14	13号楼	170522	196100	86.96%	合理
15	14号楼	163211	177900	91.74%	合理
16	15号楼	222105	253200	87.72%	合理
	合计	3040008	3428080	88.68%	合理

4）优化结果

在区域支持和设计院的配合下，桩基设计优化后达到预期效果。

（1）优化后总工期57d，比原设计方案缩短6d。

（2）在保证安全的前提下，根据精细化设计调整，钢筋含量从 45kg/m³ 降低到 42kg/m³。

（3）优化后合计降低 850 万元，优化率 22%，优化后桩基础成本 3048 万元，建面单方指标 212 元 /m²，低于当地市场平均建面单方指标 240 ~ 250 元 /m²，达到合理先进水平。如表 2.3-11 所示。

优化后造价估算表　　　　表 2.3-11

项目	单位	数量	综合单价（元）	合价（元）	备注
总方量	m³	22533	1143	25748288	单价含泥浆外运
钢筋笼	t	946.4	5000	4731899	含钢量 42kg/m³
合计	根	1711	17814	30480186	总桩长 76588m

优化后桩基础成本 3048 万元，原目标成本 2592 万元，仍超目标成本 456 万元。

鉴于当地法规性因素导致桩基类型变化以及优化后的成本指标合理，集团同意调整相应的目标成本，并预留 3% 预估变更率，调整后的目标成本在可控范围内（表 2.3-12）。

桩基优化前后指标对比表　　　　表 2.3-12

对比项			原设计方案	优化后方案	优化效果	优化率
数量	根数	根	1891	1711	减少 180	10%
	总桩长	m	97970	76588	减少 21382	22%
	总方量	m³	28502	22533	减少 5969	21%
	含钢量	kg/m³	45	42	减少 3	7%
工期		d	工期 63d 按 30 台桩机	工期 57d 按 30 台桩机	减少 6	10%
总成本		万元	3898	3048	减少 850	22%
成本指标		元 /m²	271	212	减少 59	22%
桩基承载力利用率		—	72%	89%	提高 17%	24%
效能指标		元 /t	12.8	10	减少 2.8	22%

5）通过图纸会审

2018 年 3 月 29 日，上报图审单位进行图纸会审。

2018 年 4 月 9 日，完成图纸会审。至此，从 2 月底发现问题，3 月初启动优化，到优化后的设计图完成图审，整个优化时间控制在 1 个月内。

2018 年 4 月 11 日，提前完成桩基施工许可证办理。

6）施工管控，降低风险

因设计优化释放了部分安全余量，要求项目工程部及监理旁站监督严格按照图纸施工，按工序进行隐蔽验收，制订合理的施工顺序把控工程质量达到设计要求，并严格按设计要求进行成桩验收，避免施工单位在桩长、钢筋长度、数量等方面的偷工减料而导致桩基质量达不到设计要求产生的风险。

3. 经验教训总结

1）本案例中可以总结的经验

（1）管理上

①及时发现问题，及时进行优化纠偏。项目合约部在桩基础方案设计阶段主动介入优化，内部协调好关键人物关系，积极推进优化方案落地，未影响到项目工期，降低了项目部各部门对于成本优化的抗性。

②积极对标查找差距，确定优化对象。注重周边类似业态项目的地质勘察对标，通过复核地勘参数的合理性，找出桩基设计保守的原因，有效地推动优化进程。

③严格执行试桩制度，提高桩基效能。通过破坏性试验检测有效降低了地质勘察报告取值保守给项目造成的经济损失。

（2）技术上

①控制上部荷载。本项目对于建筑物结构荷载按标准荷载进行了控制，永久荷载内建筑做法按标准建筑做法计算荷载，有效控制上部荷载取值，降低建筑物总荷载。

②控制地质勘察报告中的参数取值。勘察报告中地基承载力特征值、桩端阻力特征值、桩侧阻力特征值等参数对桩基础影响较大，参数越大则越有利于提高桩基承载力。

③考虑了最低常水位、抗浮设防水位水浮力计入，有效提高桩基总承载力。

④通过精细化设计有效降低了桩径、钢筋含量，节省了总成本。

2）本案例中可以改进的地方

（1）管理上

①未按优质优价来选择勘察单位。本案例以最低价中标的方式选择的勘察中标单位，其在项目所在地的勘察经验不多，服务配合度差，导致勘察报告取值保守，优化工作推进困难。在今后的项目中，不建议以低价中标作为此类单位的选择标准。地质勘察单位、试桩检测单位，均是非常小的合同金额，但对地下工程的成本影响非常之大，投入产出比非常高，建议给予合理费用，取得真实参数。在这两类单位上的投入可以获得四两拨千斤的效果。在招标过程中，需要注意事前调研、考察，判断投标单位在当地的工程经验及保守

程度；判断投标单位的合作意愿是否强烈，单位领导是否重视；判断投标单位的大小与项目是否匹配，是否容易沟通，是否能管得住。

②对于试桩检测单位的确定，按公司制度可自行招标（桩基础检测当地单位垄断），但是根据工程部建议出于交好当地垄断单位的意图直接委托了当地垄断单位进行设计试桩检测。而该垄断单位的配合度较差，拘泥于内部规定——最大试桩荷载只肯施加到业主提供的单桩设计估算极限值，不愿加载到极限或破坏效果从而给业主提供单桩实测极限值。

（2）技术上

对于新进入城市未调研清楚当地常用桩基础类型及当地特殊法规性约定，导致编制目标成本时数据偏低，影响利润指标准确性。后续新进入城市拿地测算时重点调研当地常用桩基础类型、桩长及当地特殊法规性约定，提高拿地测算目标成本数据准确性。

仙桃某住宅项目管桩与灌注桩方案比选

地域性差异对地下工程成本的影响比较大，不同地区有不同的地质情况和相应的地方设计标准。本案例中，因湖北地标的特殊规定导致产生了与一般经验相反的成本对比结果，这一案例给予我们的启发是地下工程的地域性更强，需要实事求是地进行一事一议而不能依惯例而决策。

在不同方案的比选时，一般需要系统性地进行大成本的对比，从而得到理论上的最优解。在桩基方案比选时，除了考虑桩基成本以外，还要系统性考虑与桩基有关的相关成本，例如本案例中界定为底板标高以下所有工程成本，为项目决策提供更客观的成本对比分析结论。除了考虑上述工程成本等直接成本以外，还需要同时考虑不同桩型和工艺对工程进度的影响，对质量、安全、环保的影响，而这几个非直接成本方面的因素可能会成为方案决策的关键因素。

住宅建筑结构桩基础设计中，管桩应用广泛，最突出的特点是成本低、工期短，灌注桩适用于软土地基、山地等地区，主要特点是成本高、工期长、存在施工污染。但本案例通过系统性的成本对比，发现因为湖北地域性规范要求等特殊因素，导致管桩的综合指标弱于灌注桩（表 2.4-1）。

优化前后对比简表 表 2.4-1

对比项		优化前	优化后	优化效果
桩基础总成本（万元）		360	319	减少 41（11%）
桩基础成本指标（元 /m²）		228	202	减少 26（11%）
设计方案		管桩	灌注桩	降低成本
技术方案	直径（mm）	PHC-AB500-125	700	
	有效桩长（m）	45	59	增加 14（31%）
	单桩竖向承载力特征值（kN）	2000	3600	增加 1600（80%）
	桩数（根）	182	92	降低 90（49%）
	基础形式及厚度（m）	筏板 1.6	1.7 承台 +0.3 底板（折算 0.95 厚）	降低 0.65（41%）
	粉喷桩数（根）	4690	528	降低 4162（89%）

1. 基本情况

1）工程概况（表 2.4-2）

工程概况表　　　　　　　　　表 2.4-2

工程地点	湖北省仙桃市
开竣工时间	2017 年 3 月—2019 年 10 月
物业类型	高层住宅（地上 34 层，总高 100m），常规连廊户型
项目规模	总建筑面积 17.02 万 m²，其中：地下室 0.74 万 m²
基本参数	地下室为 1 层，开挖深度为 5.5m
结构类型	地上为剪力墙结构
土质特征	软土地基，持力层为细砂
基础类型	桩基础
结构参数	抗震设防烈度为 6 度，第一组，三类场地

2）限制条件

（1）因销售去化的现状，项目不追求高周转。

（2）湖北地方标准《建筑地基基础技术规范》DB42/242—2014 中有特别的条文影响桩基方案的选择。

3）发起优化的原因

本项目为刚需型住宅，去库存较难，营销周期拉长导致资金成本增加。拟从建安成本内节省费用，以尽量弥补整个项目因资金成本增加而减少的利润额。

作者是项目公司成本经理，兼任项目结构设计师。

2. 优化过程

1）优化前准备

初步设计阶段，项目部要求设计单位提供桩基础方案、地基加固方案、地下室底板结构方案，进行经济性比选。

2）优化实施

（1）地质勘察情况（表 2.4-3、图 2.4-1）

土层分布表及钻孔桩承载力特征值　　　　　　　表 2.4-3

土层层号	土层类别	f_{ak} (f_a)（kPa）	E_s (E_o)（kPa）	钻孔灌注桩参数	
				桩侧阻力特征值 q_{sia}（kPa）	桩端阻力特征值 q_{pa}（kPa）
⓪₁	素填土	—	—	—	—
⓪₂	杂填土	—	—	—	—
①	粉质黏土	85	5	18	—
②	淤泥质粉质黏土	55	2.5	9	—
③₁	粉质黏土	120	6.5	24	—
③₂	粉质黏土	75	3	16	—
④	黏土	220	10.5	36	—
⑤	粉质黏土夹粉砂	115	7	24	—
⑥	粉砂夹粉土	145	14	21	—
⑦	粉细砂	215	19.5	23	450
⑦ₐ	粉砂夹粉质黏土	155	14	20	—
⑦ᵦ	粉质黏土夹粉砂	110	5.5	24	—
⑧	细砂	290	29	32	500
⑧ₐ	粉质黏土	195	11	37	—

由土层分布表可知：本项目淤泥质粉质黏土层顶埋深约 3.7 ~ 4.1m，层厚约 7.3 ~ 8.1m。初步设计时按照高层埋深控制承台底标高后，承台底部淤泥厚度约 5.3 ~ 6.5m。

根据湖北地方标准《建筑地基基础技术规范》DB42/242—2014（以下简称"湖北地标"）的要求，对两种桩基方案的设计规范对比如表 2.4-4 所示。

管桩与灌注桩的设计规范要求对比　　　　　　　表 2.4-4

序	规范要求	灌注桩	管桩
1	基础形式	桩承台	桩筏基础
2	加固要求	搅拌桩格构式加固	搅拌桩满堂咬合加固
3	加固范围	承台下 2m，承台周边外 1m	

对规范的介绍和分析如下：（表 2.4-5）

①灌注桩：

按照湖北地标 10.1.5 条 12 款，"采用灌注桩的高度超过 50m 的高层建筑，当承台下存在厚度大于 2m 的淤泥（淤泥质土）或 f_{ak}<60kPa 的饱和软土时，应对承台下和承台间软土进行加固或换填处理。承台间和承台下可采用搅拌桩格构式加固，承台下处理深度不应小于 2m，加固范围为承台周边外不少于 1m。"在该条文解释中说明了"目的是提高软土场地高层建筑桩基的整体性和抗震性能"。

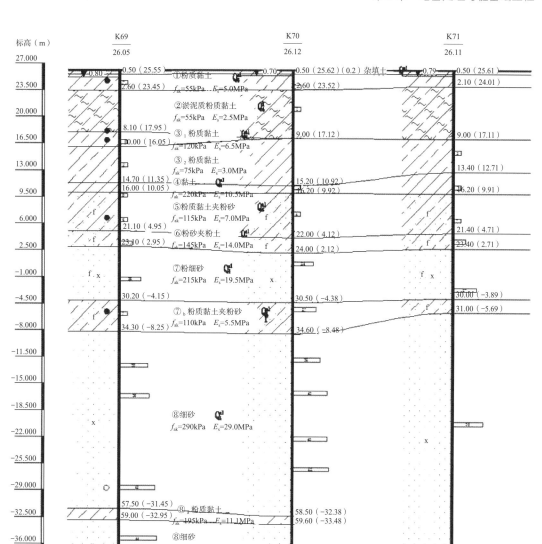

图 2.4-1 土层分布图

②管桩：

按照湖北地标 10.1.6 条 2 款，"高度 100m 及以上的高层建筑物不应采用预应力管桩或者空心方桩；高度小于 100m 当层数为 30 层及以上的高层建筑物，在采用桩筏基础等措施的条件下方可采用预应力管桩或者空心方桩；高度超过 75m 的高层建筑采用管桩或空心方桩基础时应通过专项论证。"

按照湖北地标 10.1.6 条 3 款，"承台下存在厚度 2m 以上软土（淤泥、淤泥质土或 $f_{ak}<70$kPa 的饱和黏性土）的高层建筑不宜选用管桩、空心方桩基础，如必须采用时，应对高度超过 50m 的建筑物的承台底软土进行搅拌桩满堂咬合加固或换填处理，承台下处理深度不应小于 2m，加固范围为承台周边外不少于 1m。"

管桩与灌注桩的特点对比表   表 2.4-5

序	对比项	PHC 管桩	钻孔灌注桩
1	工艺成熟度	因其桩身耐打，穿透力较大，地层适应性较强，施工简单，技术难度相对低	地层适用性强，施工经验成熟
2	承载力特征	有挤土效应，易导致桩体上浮，降低承载力，增大沉降，同时管桩（未填芯）不适用于抵抗水平荷载	承载力高，采用后压浆施工工艺后可进一步提高原承载力，有一定的水平承载力
3	工期	工期短，能连续施工	工期长，有混凝土养护期
4	质量保证	保证桩的垂直度并检查桩头质量；送桩应采用专用钢质送桩器，送桩的最大压桩力不宜超过桩身允许抱压压桩力的1.1倍	钻孔达到设计深度，灌注混凝土之前，注意清孔质量；注意灌注水下混凝土的质量；后注浆施工过程中，应对后注浆的各项工艺参数进行检查
5	施工安全	桩机安装完成后，应组织相关人员进行检查验收；起重机作业前，必须进行机械安全检查。起重范围不得超过起重性能规定的指标	施工过程中严禁人员进入孔内作业；泥浆池周围必须设有防护设施；施工现场的临时用电应符合相关规定；起重机及钻机工作之前必须进行机械安全检查等
6	环境影响	有挤土效应	a. 成孔时，施工噪声较小；b. 须采用泥浆循环钻进，需设置泥浆池、沉渣池、循环沟，对工程场地环境污染严重，尚需安排车辆外运废弃泥浆
7	成本控制	一般相对低	一般相对高
		无效桩长容易失控	工期长，有不可预见费

（2）技术参数对比

根据湖北地标要求对软土进行加固，因换填会增加开挖深度，造成土方、基坑支护的成本大幅增加。参考当地工程经验，选用粉喷桩对承台底软土进行加固。因湖北地标规定管桩下承台底软土进行搅拌桩满堂咬合加固，灌注桩采用搅拌桩格构式加固，导致软土加固数量差异较大，详见表 2.4-6，图 2.4-2 ~图 2.4-4。

管桩与灌注桩技术参数对比表   表 2.4-6

序	技术参数	单位	灌注桩	管桩
1	直径	mm	700	PHC-AB500-125
2	有效桩长	m	59	45
3	单桩竖向承载力特征值	kN	3600	2000
4	桩数	根	92	182
5	基础形式及厚度	m	1.7 承台 +0.3 底板	1.6 厚筏板
6	粉喷桩数	根	528	4690

说明：

①灌注桩长较长，原因是土层较深处存在软弱层。

②灌注桩承载力低于经验值，原因在于湖北地标10.3.9条，工作条件系数取值较低，并要求基本组合的单桩竖向力设计值小于桩身强度。

③管桩的长径比较大，与图审沟通，摩擦型长径比建议宜不大于80，不超过100。

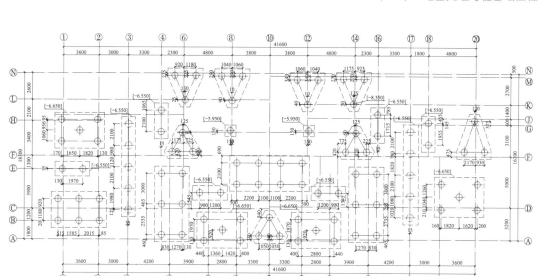

图 2.4-2　灌注桩布置平面图

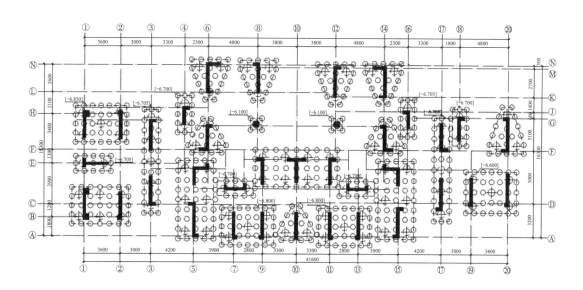

图 2.4-3　灌注桩承台加固布置图

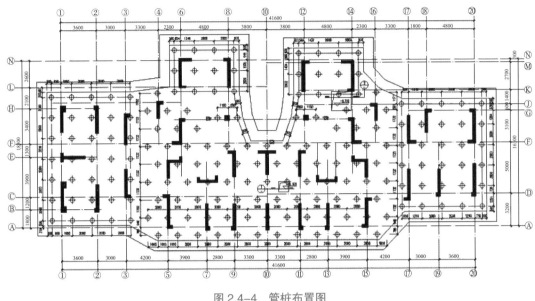

图 2.4-4　管桩布置图

管桩软土加固采用粉喷桩满堂咬合加固，设计单位未提供加固图纸，相关图纸附说明，如下：

管桩软土加固采用粉喷桩满堂咬合加固设计说明

根据地质勘察报告显示，本工程的管桩桩顶处于淤泥层，基坑开挖至设计标高后，采用粉喷桩法对主楼承台进行加固土层处理，方案如下：

①加固范围：主楼最外围承台边以外 1m 范围内，满堂加固粉喷桩直径 500mm，加固体之间相互咬合不小于 100mm。

②粉喷桩有效桩长为 2m，顶标高同管桩桩顶标高，停灰面为桩顶标高以上 500mm 处，粉喷桩顶至现场开挖基坑底标高之间范围用素土封实。

③粉喷桩施工应按施工流程进行，在喷桩过程中凡因电压过低或遇有故障而停止喷粉时，均应将搅拌机下沉 0.5m 再连续制桩。

④桩身选用 32.5 级矿渣硅酸盐水泥，水泥掺入量为每米 55kg。

⑤在粉喷桩施工过程中要有专人负责制桩、记录，对每根工程的水泥用量、成桩过程（下沉喷浆、提升复搅等时间）、桩的编号等进行详细记录。

⑥成桩 7d 后，采用浅部开挖桩头（深度宜超过停浆面下 0.5m），目测检查搅拌的均匀性，测量成桩直径，抽检频率为 5%。

⑦粉喷桩验收严格按国家验收规范执行。

按照常规合约界面划分，桩基工程仅包含桩基施工（桩基单位施工至桩顶标高），承台及底板属于土建总包合同。上述对基础工程的人为拆分容易造成基础工程成本分析时出现偏差。故本次方案对比的成本范围确定为底板标高以下所有成本，包括桩、筏板（承台＋底板）及地基加固等，这样能更真实地反映基础工程成本，为项目决策提供更客观的成本依据。

（3）成本对比

在设计执行湖北地标这一前提下，从成本角度对比分析，可得出如下结论：

①单从桩基础的单项成本比较，管桩方案比灌注桩方案省 25%。

②若加上基础钢筋混凝土成本，则从基础成本的层次分析，管桩方案比灌注桩方案省 11%。

③从整个项目考虑，全面考虑与基础工程相关的地基处理费用（基础费用＋地基处理费用），则管桩比灌注桩贵 13%。这是因为本项目采用管桩需要额外增加较多的地基处理及筏板的成本。

分析过程详见表 2.4-7，图 2.4-5、图 2.4-6。

管桩与灌注桩成本对比表　　　　　　　　　表 2.4-7

序	费用	灌注桩（元）	管桩（元）	差额（管 - 灌）	差额百分比
1	桩基础	2606620	1965600	-641020	-25%
2	底板混凝土	318196	538650	220454	69%
3	底板钢筋	173662	254103	80441	46%
4	粉喷桩地基加固	95040	844200	749160	788%
基础费用小计		3098478	2758352	-340126	-11%
基础费用＋地基加固小计		3193518	3602552	409034	13%

基础费用 =1+2+3；基础费用 + 地基加固 =1+2+3+4。

基础费用计算说明：

①混凝土等级取 C40。

②底板混凝土中，桩 + 承台均按照 1.7m 考虑。

③钢筋按 ϕ25mm 考虑，单价中均未考虑钢筋锚固、措施筋及损耗等。

④粉喷桩含实桩 2m 和虚桩 5.3m，折算单根粉喷桩价格约为 180 元 / 根。

⑤管桩测算未考虑管桩专家论证费用。

⑥未考虑承台模板费用。

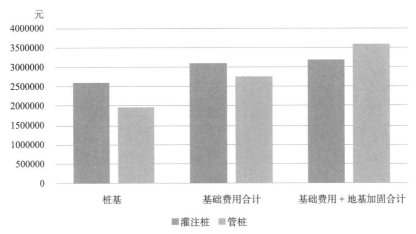

图 2.4-5　管桩与灌注桩费用对比柱状图

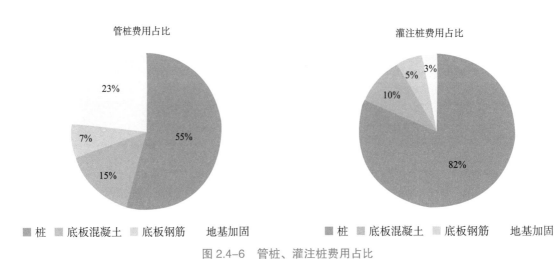

图 2.4-6　管桩、灌注桩费用占比

管桩基础费用组成明细如表 2.4-8 所示。

管桩基础费用组成　　　　　　　　　　　　　　　　表 2.4-8

序	费用	单位	工程量	单价（元）	合价（元）	占比
1	管桩	m	8190	240	1965600	55%
2	底板混凝土	m³	1016	530	538650	15%
3	底板钢筋	kg	48866	5	254103	7%
4	粉喷桩地基加固	根	4690	180	844200	23%
	基础费用小计		1+2+3		2758352	77%
	基础费用＋地基加固小计		1+2+3+4		3602552	100%

灌注桩基础费用组成明细如表 2.4-9 所示。

灌注桩基础费用组成　　　　　　　　　　表 2.4-9

序	费用	单位	工程量	单价（元）	合价（元）	占比
1	灌注桩	m	5546	470	2606620	82%
2	底板混凝土	m³	600	530	318196	10%
3	底板钢筋	kg	33397	5	173662	5%
4	粉喷桩地基加固	根	528	180	95040	3%
基础费用小计			1+2+3		3098478	97%
基础费用 + 地基加固小计			1+2+3+4		3193518	100%

【小结】在进行桩基方案比选时，需要注意以下三点：

①基础设计时，应因地制宜，根据不同的地质条件以及规范规程进行合理化设计，力求安全适用、经济合理。

②经济性对比时，应密切关注由于桩型不同造成的不同结构设计及构造处理方式，将差异处均列出并进行经济性对比。如本案中，对于承台软土的处理要求不同、底板的参数不同等。

③本案测算中灌注桩的建安成本略低，未考虑因其工期较长会产生额外的财务成本，以及软土地基中管桩施工的质量风险等因素。对于同类项目，建议同时考虑工程进度、质量、安全、环保等因素的影响，以项目综合管理视角进行综合测算、对比。

（4）风险对比

以下从进度、质量、安全三个方面进行风险分析：

①灌注桩工期较长，施工环境污染会产生不可预见费用。

灌注桩的施工工序多且复杂，施工效率低，工期较长，可能产生较高的财务成本。就整个项目而言，灌注桩施工对于项目整体施工组织设计要求较高，施工现场环境污染较严重，涉及城市管理的泥浆运输及扬尘治理，均会产生部分不可预见费用，如泥浆运输道路污染罚款、扬尘治理停工费用。

②管桩有挤土效应，单侧土体卸载后水平侧向力易出现质量问题。

管桩挤土效应明显，引起土体位移，大面积施工时可能出现浮桩，对工期影响较大。主楼基坑开挖时，管桩因单侧土体卸载后产生的水平侧向力，易导致桩偏位、倾斜及断桩等质量问题。需要关注的是，各土方单位多为较强势单位或垄断单位，开挖分层高差控制、机械等难以达到相关要求，常出现工程质量事故，增加工期。

③管桩在地下室施工阶段的安全风险较大。

管桩的水平承载力较弱，安全风险较大。主楼带地下室的常规施工过程：主楼施工至预售楼层后，再进行周边地下室施工（还可降低总包进度款支付压力）。此时，主体结构的基础埋置深度仅为筏板（承台）厚度，难以满足《高层建筑混凝土结构技术规程》JGJ 3—2010 第 12.1.8 条 1/18 房屋高度的构造要求，而实际基坑回填时楼层施工已更高。若主楼位于地下室边界还可能会出现一侧地下室施工一侧已回填的危险情况，对于主楼的整体稳定及抗倾覆较为不利。

3）优化可行性分析

项目成本部从技术、施工、进度、合规性、经济性、接受度等角度出发，综合评估本次优化具备可行性。详见表 2.4-10。

优化的可行性分析表 表 2.4-10

序	问题	回复	结果
1	技术可行性如何？	技术可行	可行
2	施工可行性如何？	工艺成熟，施工可行	可行
3	经济合理性如何？	单方造价可降 11%	合理
4	法律合规性如何？	两种桩型在当地均可实施	合规
5	进度达成性如何？	钻孔灌注桩工期比管桩长，但本项目不追求高周转	合理
6	政治接受度如何？	钻孔灌注桩总费用比管桩低，经济性好，获得项目总支持	可行
	综合评估	可行	

4）优化结果

湖北地标规定，采用灌注桩方案项目整体造价比采用管桩方案低 41 万元，建面单方指标低 25.9 元 /m² （11%）。详见表 2.4-11。

优化结果一览表 表 2.4-11

对比项	单位	方案一：管桩	方案二：灌注桩	差异
总价	万元	360	319	41
单方指标	元 /m²	227.6	201.7	25.9

5）工程实施

本项目已施工完成，未发生未知风险，目前项目已交付投入使用。

3. 经验教训总结

1）本案例中可以总结的经验

（1）管理方面

①成本优化需要以项目开发利益最大化为目标。在本案例中，将两种桩基的成本对比

范围界定为底板标高以下所有工程成本，包括桩、筏板（承台＋底板）及地基加固等，这样能更真实地反映基础工程成本，为项目决策提供更客观的成本依据。同时，除了考虑上述直接成本以外，还需要同时考虑不同桩型和工艺对工程进度的影响，这涉及间接成本的考量。另外，还需考虑对质量、安全、环保的影响，而这几个非成本方面的因素也可能会成为方案决策的关键因素。

②在常规经验的基础上需要结合项目实际情况进行系统分析。在本案例中，对比结论与经验出现偏差的原因在于建设场内较厚的淤泥土层，桩基选型与常规经验不符。当无淤泥层或楼层较低时，管桩优势即可全部或局部体现。建议项目设计管理时，在初步设计阶段进行基础比选，避免思维惯性导致基础形式与项目成本管理不匹配。

（2）技术方面

设计管理人员需熟悉各类桩型的适用条件以及当地规范对于桩型的技术要求，根据项目需求，选取与土层条件相对匹配的桩型。对于细分专业类对比优化，建议设计管理人员储备相关成本知识，进行初步概算后，提至成本专业进行精细对比，提高前期设计效率。

2）本案例中可以改进的地方

（1）管理方面

①在进行方案对比时，应以项目运营角度和大成本思维进行全方位对比分析。结合本案例在发表后的读者留言反馈，具体应考虑这样几个方面：

a. 就时间角度而言，一般管桩有优势。从快速开盘和回流资金的角度，特别是在高周转项目上，管桩方案是经过实践检验的优选方案。

b. 就建安成本角度而言，对两种桩基的成本控制水平影响两个方案的成本对比。

c. 就质量角度而言，质量控制风险和无效桩长的成本也影响两个方案的成本对比。

d. 就技术角度而言，地基改造的项目应结合置换率来进行对比分析。

②从合同条款上约定方案优化要求。类似方案的对比，需对于两种基础类型的模型进行试算，同时还需获取当地图审习惯等基础资料，以便对比选用结果能落地实施。建议设计合同内，明确相关工作内容，以便项目顺利推进。

（2）技术方面

本案技术上可考虑管桩及灌注桩更多的细分类型，比如预制方桩、不同直径的灌注桩等桩型。参考本项目前期设计优化意见，本案深厚软土层的灌注桩基础，700mm 直径较800mm 直径承载效率高，故取 700mm 直径。

【案例 2.5】

杭州某高层住宅桩基优化负面案例复盘及桩基选型要点总结

一般情况下，桩基础的优化类型主要有以下四类：①桩基础选型；②降低建筑物总荷载；③提高桩基础的总承载力；④精细化设计降低混凝土工程量、含钢量等指标。

其中，桩基选型对成本的影响程度普遍可以达到百万元的量级。合理的桩基选型可以节约成本，也能缩短工期；而不合理的桩基选型不仅会延长工期、增加成本，同时可能会造成其余交叉施工工程或后续相关工序停工，从而产生停工、窝工等索赔。

地下工程是整个建筑工程中单件性特征最突出的部分，其中桩基工程和基坑支护工程受地质情况影响最大。本案例通过复盘一个桩基优化的负面案例，说明桩基础选型最重要的原则之一是因地制宜，切忌依葫芦画瓢（表 2.5-1）。

优化前后对比简表　　　　　　　　　　　　　　　　　　表 2.5-1

对比项			实施前		实施后	优化效果
			优化前	优化后	优化方案	
桩基础成本指标（元/m²）			207	131	269	增加 62（30%）
桩基础总成本（万元）			2180	1387	2840	增加 660（30%）
其中	一桩一勘		331	0	0	减少 331（100%）
	灌注桩		1196	0	0	减少 1196（100%）
	管桩		547	1295	1295	增加 748（137%）
	措施费		106	92	92	减少 14（13%）
	补钢管桩、灌芯		—	—	1094	增加 1094
	承台加大		—	—	359	增加 359
工期（d）			114	42	135	增加 21（18%）
主要工程量	根数（根）	灌注桩	410	—	—	减少 410（100%）
		管桩	171	891	891	增加 720（421%）
	总桩长（m）	灌注桩	22960	—	—	减少 22960（100%）
		管桩	7695	40815	40815	增加 33120（430%）
	灌芯（m）		—	—	8991	增加 8991
	补钢管桩（m）		—	—	9328	增加 9328
	承台加大（m³）		—	—	1037	增加 1037

1. 基本情况

1）工程概况（表 2.5-2）

工程概况   表 2.5-2

工程地点	浙江省杭州市
开竣工时间	2018 年 3 月—2020 年 9 月
物业类型	高层住宅
项目规模	5 幢 26 层高层，地下室为局部 2 层；总建筑面积 10.55 万 m^2，其中：地下室 3.2 万 m^2
地块特征	梯形地块，地下室形状较规则，地块西面、南面临河
土质特征	软土地基，淤泥层厚度 10 ~ 15m

2）地质勘察报告的桩型建议

2018 年 1 月 10 日，收到地质勘察报告。

报告显示，本地块临河，属于软土地基，淤泥层厚度 10 ~ 15m。根据地质情况，地勘单位对主楼桩基设计方案推荐了两种桩型，分别是：

（1）钻孔灌注桩：以⑩₃中风化灰岩为持力层，经过勘察，发现该持力层存在溶洞。而溶洞易造成桩基施工卡钻、漏浆、充盈系数过大等现象，勘探孔之间是否存在其他溶洞未知，在施工中应引起注意，若采用⑩₃中风化灰岩作为桩端持力层，桩基施工前应进行岩溶（一桩一探）施工勘察。

（2）预应力管桩：以⑥₃含砂粉质黏土为持力层，因存在 10 ~ 15m 的淤泥质黏土，对于采用管桩施工在后期地库开挖时有一定的偏桩和断桩的风险，需要项目公司在地库开挖时注意工序管控，合理组织开挖方案，注意开挖顺序、开挖放坡等事项。

2. 优化过程与结果

1）两种桩型方案的对比分析

2018 年 1 月 28 日，设计院提供两种桩型方案供选择，考虑主楼和地下室两个区域。

2018 年 2 月 5 日，项目公司考虑本项目属于高周转项目，在对比两种桩型方案的工期、造价后（详见表 2.5-3 ~表 2.5-5），考虑预应力管桩能缩短工期 72d，且管桩经济性好，比钻孔灌注桩造价低 793 万元（降低率 36%），最终决定采用方案二。

两种桩基方案的优缺点对比表　　　　表 2.5-3

对比项	设计方案		优点	缺点
	主楼	地下室		
方案一	钻孔灌注桩（410 根，平均桩长 56m）	预应力管桩（171 根，平均桩长 45m）	钻孔灌注桩适用于淤泥质土，不容易发生偏桩现象	a. 造价高。 b. 工期长。 c. 因项目地质存在溶洞情况，如做钻孔灌注桩需要采用一桩一勘形式，施工时间会增加 34d
方案二	预应力管桩（720 根，平均桩长 46m）	预应力管桩（171 根，平均桩长 45m）	a. 工期短。 b. 造价低	淤泥质土采用预制桩容易产生桩基偏位现象

两种桩基方案的工期对比表　　　　表 2.5-4

对比项	机械数量	一桩一勘（d）	施工（d）	检测（d）	工期合计（d）
方案一	15 台勘探机， 10 台钻孔灌注桩机， 2 台静压桩机	34	50	30	114
方案二	4 台静压桩机	—	22	20	42
差异	—	34	28	10	72

两种桩基方案的造价对比表　　　　表 2.5-5

对比项	一桩一勘（万元）	主楼桩基（万元）	地下室桩基（万元）	施工措施（万元）	造价合计（万元）
方案一	331	1196	547	106	2180
方案二	0	748	547	92	1387
差异	331	448	0	14	793

2）优化后桩基工程出现的桩位偏移问题

本项目桩基施工顺序：一号楼先施工，二～五号楼后施工。

（1）一号楼

①桩基施工和检测情况

2018 年 4 月 10 日，一号楼预应力管桩施工完成，经检测预应力管桩为一、二类桩，不存在三类桩，桩身质量全部合格。

②土方开挖后出现桩偏位问题及处理情况

a. 桩基施工单位提示土方工程须分层开挖

在土方开挖施工前，桩基施工单位根据以往施工经验教训来函提示项目公司土方须分层开挖，严禁一次性开挖到底。

b. 一号楼土方直接开挖，桩基的倾斜率高

2018 年 5 月 9—12 日，土方施工单位在一号楼区域进行土方开挖，开挖后出现大面积的管桩倾斜、偏位现象。全部管桩向南（主要方向）偏斜，单桩平面偏移尺寸 100～600mm 不等，桩上段倾斜率 1%～6% 不等，偏移方向与挖土后退方向相逆，使得桩基础合力点和上部重心呈南北向偏离；发生偏斜现象的管桩总数为 115 根，其中：倾斜率不大于 1.5% 的 17 根，倾斜率大于 1.5% 的 98 根（占 85%）。

2018 年 5 月 14 日，委托第三方专业检测单位对 79 根管桩进行小应变检测，初步结论：Ⅰ 类桩 78 根，Ⅱ 类桩仅 1 根。

2018 年 5 月 29 日—6 月 4 日，委托第二家第三方专业检测单位对 115 支管桩进行小应变检测，所得结论：Ⅰ 类桩 111 根，Ⅱ 类桩仅 4 根。

对比上述两家第三方检测单位提供的桩基小应变检测报告，可以发现对个别编号管桩的评定结果有不一致情况，取各家单位最不利评定结果考虑，最终 Ⅰ 类桩 110 根、Ⅱ 类桩 5 根，桩身质量无问题。

经分析，管桩产生偏斜的主要原因有以下三个方面：

（a）客观上建设场地内地基土层软弱是主要原因。

（b）管桩快速施工对高灵敏土层的扰动大，由此导致土体力学性能进一步趋弱。

（c）土方开挖过程中，土方施工单位未按照专家论证及桩基单位提示要求分段分层开挖，而是一次性开挖到底（图 2.5-1）。由南向北开挖预留坡度较陡，未达到设计图纸坡度要求，且土方外运不及时，大量土方堆载在坡顶，堆土过高对管桩产生侧向力，造成一号楼管桩倾斜、偏位。

c. 桩基偏位问题的处理方案

在发生桩基倾斜问题后，项目公司寻找到了当地桩基加固权威施工单位提报加固方案，经项目公司内部评估后，选择的补强方案如下：

（a）偏位管桩灌芯 C40 微膨胀混凝土 18m，详见图 2.5-2。

（b）对承载力明显欠缺的桩承台补入高吨位钢管桩，解决承载力不足与桩基偏心两个问题，采用 ϕ299mm × 10mm 锚杆静压钢管桩、ϕ355mm × 10mm 锚杆静压钢管桩加固补强，桩长 44m，每根桩灌芯 C30 混凝土 42m，详见图 2.5-3。

（c）偏位桩的承台尺寸增加，详见图 2.5-4。

经测算，一号楼桩基偏位问题的处理费用合计 477 万元，其中：加固 354 万元，承台加大 123 万元，详见表 2.5-6。

图 2.5-1　一号楼一挖到底、未分段分层开挖现场图

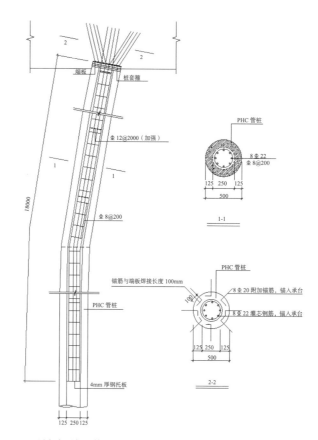

φ500PHC 预应力混凝土管桩灌芯 18m 详图

注：1. 适用于 I、II 类桩，灌芯采用 C40 微膨胀混凝土。
2. 需截桩时管桩与底板连接按《预应力混凝土管桩》10G409，P41 ～ 43 页做法。

图 2.5-2　偏位管桩加灌 18m C40 微膨胀混凝土

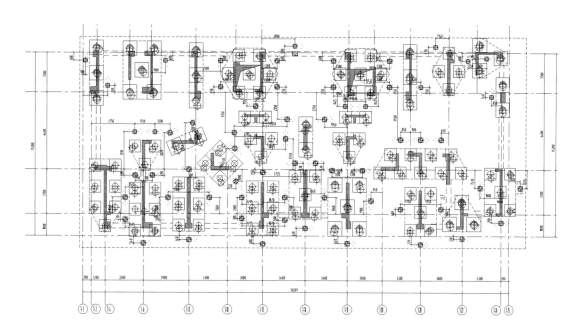

说明：
1. 图中 ⊕ 表示 φ355×10 管口型钢管桩材质为 Q3458，桩长为 44m，单桩竖向承载力特征值 Ra=1500kN，
   最终压桩力不小于 3000kN，桩端进入持力层为 6-3 层含砂特质黏土，共 50 根。
2. 图中 ⊛ 表示 φ299×10 管口型钢管桩材质为 Q3458，桩长为 44m，单桩竖向承载力特征值 Ra=1200kN，
   最终压桩力不小于 2400kN，桩端进入持力层为 6-3 层含砂特质黏土，共 13 根。
3. 在基础底板上预留亚桩孔锚杆预埋，压桩孔具体尺寸详见台 -08。

图 2.5-3　必补钢管桩平面布置图

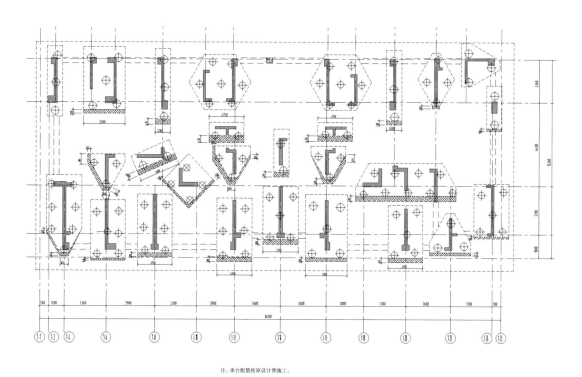

注：承台配筋按原设计图施工。

图 2.5-4　偏位桩的承台平面尺寸加大示意图

桩基偏位问题处理造价测算表（一号楼）　　　　表 2.5-6

序	项目名称	单位	数量	综合单价（元）	合价（元）
一	直接工程费				
1	ϕ^T25 精轧螺纹钢锚杆制作（含专用螺母）、运输、预埋，L=0.8m	套	630	109	68670
2	预留压桩孔清孔	只	63	176	11088
3	ϕ299mm×10mm 锚杆静压钢管桩，材质为 Q345b 钢管，桩长按图纸要求（13 根，44m），含钢管购买、剖口精加工、基地加工后运至工地现场、沉桩、气保焊焊接接桩	m	572	907	518804
4	ϕ355mm×10mm 锚杆静压钢管桩，材质为 Q345b 钢管，桩长按图纸要求（50 根，44m），含钢管购买、剖口精加工、基地加工后运至工地现场、沉桩、气保焊焊接接桩	m	2200	1053	2316600
5	桩尖及土塞限位板制安	个	63	232	14616
6	C30 混凝土灌芯，桩径 ϕ299mm×10mm，每根桩灌芯长 42m，桩顶 10m 内采用振动棒振捣	m	546	82	44772
7	C30 混凝土灌芯，桩径 ϕ355mm×10mm，每根桩灌芯长 42m，桩顶 10m 内采用振动棒振捣	m	2100	119	249900
8	偏位管桩封桩，封桩采用 C40 高强无收缩灌浆料，封桩墩制安、凿毛，分两次封桩，孔深 18m	只	63	2608	164304
9	桩顶锚筋制安	t	1.018	7370	7503
10	既有底板顶部凿除、新旧钢筋焊接、钢筋制安并将混凝土恢复浇筑	个	63	548	34524
11	地下通风照明	项	1	5000	5000
二	措施费				
1	人员、设备进退场费	项	1	13500	13500
2	安全文明施工费	项	1	3500	3500
3	材料垂直运输、二次搬运费	项	1	12500	12500
4	住宿、办公费等	项	1	6800	6800
5	桩基检测配合费	项	1	4500	4500
增	常规材料检验费（不含钢管桩焊缝检测、静载检测等）	项	1	6000	6000
增	ϕ355mm×10mm 钢管桩采用无缝钢管代替直缝钢管增加费	项	1	61000	61000
	合计	元			3543581

d. 桩基偏位专家论证

2018 年 5 月 21 日，项目公司组织召开了桩基偏位处理设计方案专家评审会，邀请了 5 位岩土专家，以及本项目地勘单位、监理单位、桩基单位、桩基检测单位、施工总承包单位（包含土方施工）、桩基加固施工单位、基坑支护设计单位、施工图设计单位的代表参会。会议上达成一致意见：鉴于场地土质特性及桩实际偏移情况，本次桩基补强实属必要，且本次上会整体补强加固方案计算模型合理，措施得当，整体方案安全可行，同意按本方案进行管桩加固处理。

（2）二～五号楼

①桩基施工和检测情况

2018 年 4 月 30 日，二～五号楼预应力管桩施工完成，经检测预应力管桩为一、二类桩，不存在三类桩，桩身质量全部合格。

②土方开挖施工情况

2018 年 5 月 26 日，二～五号楼的土方施工，吸取了一号楼一次性开挖到底失败的经验教训，均严格按照分段分层开挖，采用多台挖机翻土至中间卸土平台装车及时外运，详见图 2.5-5。

图 2.5-5　分层开挖土方现场施工

③开挖后桩基位置偏移情况

在执行分段分层开挖方案后，二～五号楼仍出现管桩偏位问题，虽倾斜率较一号楼有所降低，但仍平均高达 51%。详见表 2.5-7。

各楼栋管桩倾斜率统计表　　　　　　　表 2.5-7

楼栋	管桩数量	管桩倾斜率大于 1.5% 数量	倾斜率（%）
一号楼	115	98	85
二号楼	131	94	72
三号楼	132	29	22
四号楼	175	62	35
五号楼	167	83	50
合计 / 平均	720	366	52.8

④桩基偏位原因分析

鉴于二～五号楼的土方开挖执行了分层分段开挖的规定，但仍出现管桩偏位情况，可以作出这样的判断：管桩偏位的主要原因并非土方一次性挖到底的施工方式。

项目公司组织地勘单位、桩基加固单位、施工图设计单位的代表及公司的结构设计师、土建工程师详细查看现场情况后，召开专题会讨论管桩偏位主要原因，形成以下主要共识：

a. 主要原因：桩基选型错误。本项目属于软土地基，淤泥土层厚度达 10～15m，在沿海地区极易出现管桩偏位现象。在浙江省台州市曾出现过淤泥土质采用预制桩基础的住宅发生倾斜现象，当地主管部门在 2012 年下发文件规定：50m 以上高层住宅项目严禁采用先张法预应力混凝土管桩。浙江省的温州市、宁波市等沿海城市，经常有工程出现管桩偏位现象。

b. 次要原因一：未针对特殊土层制订管桩质量问题预防措施。管桩的快速施工对高灵敏土层的扰动，会导致土体力学性能进一步趋弱，因此管桩项目应设置预应力释放孔来减少对土地的扰动；对管桩施工顺序应有详细的规划和要求，根据详细规划要求施工。

c. 次要原因二：土方开挖未执行分层分段开挖的规定。土方开挖需要分层分段开挖，严禁为图方便、图快而一次性开挖到底。需要工程部高度重视并在施工过程中严格管控。

⑤桩基偏位问题的处理方案

2018 年 6 月 15 日，召开二～五号楼桩基偏位处理设计方案专家评审会，经评审，二～五号楼管桩偏位加固方案与一号楼相同。

（3）桩位偏移问题的处理代价

整个项目因桩基偏位处理导致工期延长 93d，造价增加 1453 万元（表 2.5-8）。

各楼栋桩基偏位问题加固处理造价汇总表　　　表 2.5-8

楼栋	桩基加固、补桩、纠偏（元）	承台加大签证（元）	小计（元）
一号楼	3543581	1226429	4770010
二号楼	3114293	1092929	4207222
三号楼	1047464	403830	1451294
四号楼	2228433	502061	2730494
五号楼	1005416	365989	1371405
合计	10939187	3591238	14530425

（4）桩基工程完工实际造价和工期复盘

①桩基础工程实际造价

本项目桩基工程按方案二施工，在土方开挖后出现大面积桩位偏离问题，按专家论证会议决策意见进行了加固处理。最终交付的桩基工程技术经济指标如表 2.5-9 所示。

桩基工程及加固处理技术经济分析表　　　　　　　　　表 2.5-9

序	指标	管桩工程	加固处理	合计
1	桩数量（根）	891	—	891
2	平均桩长（m）	46	—	46
3	灌芯（m）	—	8991	8991
4	补钢管桩（m）	—	9328	9328
5	承台加大（m³）	—	1037	1037
6	造价（万元）	1387	1453	2840
7	造价指标（元/m²）	131	138	269

②优化方案复盘

a. 桩基优化方案的执行情况

在桩基完工、土方开挖后，对管桩偏位问题进行了加固处理，导致工期延长、造价增加，即在前期进行桩基方案优化时选择的全管桩方案未达到预期效果，反而超出了可选方案的最高值。详见表 2.5-10。

现场施工方案与设计方案对比表　　　　　　　　　表 2.5-10

基础方案		造价（万元）	工期（d）
设计方案一		2180	114
设计方案二	计划	1387	42
	实际	2840	135

b. 实施优化方案后没有达到预期目标的原因分析

回顾整个优化和工程实施过程，发现主要存在以下问题：

（a）在对两方案进行对比分析时，只列出了管桩可能出现偏位的风险，而没有对风险概率作进一步说明。

（b）项目公司在桩方案选型时，没有对周边项目桩基实施情况进行详细调研，未正确预估按方案二实施的风险。

（c）在执行方案二后没有针对管桩偏位这一风险进行风险管理。

（d）在管桩施工中，管理过于粗放，对管桩施工顺序、土方开挖未按要求进行严格管控。

3. 经验教训总结

1）可以总结的经验

暂无。

2）可以改进的地方

经对本案例的分析与总结可知：桩基础选型重点在于因地制宜。在本案例附件中，作者总结归纳了各类基础的适用范围、优缺点、施工效率及综合单价参考值，供参考。

（1）管理上

①地下工程工期较紧，但仍需更谨慎。在本案例中，项目全景计划制订开盘节点时偏于激进，为达成开盘节点更倾向于工期短的设计方案，即使在高周转项目中也须考虑工程地质实际情况给出合理时间。

②需要加强设计方案优化中的风险管理。在本案例中，对两种方案进行比选时，风险意识薄弱，选择基础方案时未系统地评估预制桩在淤泥土层厚的地质情况的风险因素，导致在方案实施中出现了不可控的问题。

③需要加强优化方案实施中的工程管理。在本案例中，对于方案二的施工过程，管理过于粗放，对管桩施工顺序、土方开挖等关键内容没有管控到位。

④在方案比选时，需要对所有可选方案进行比选。在本案例中，设计单位在提可选方案时至少遗漏了一项可选方案——全灌注桩方案。

（2）技术上

①对管桩施工顺序应有详细的规划和要求，根据详细规划要求施工。包括：由一侧向单一方向进行，打桩推进方向宜逐排改变，以免土朝一个方向挤压，而导致土壤挤压不均匀；对于同一排桩，应采用间隔跳打的方式；对于大面积的桩群，宜采用后两种打桩顺序，以免土壤受到严重挤压，使桩难以打入，或使先打入的桩受挤压而倾斜。

②土方开挖需要分层分段进行，严禁为图方便、图快而一次性开挖到底。需要工程部高度重视并在施工过程中严格管控。

4. 附件：地基与基础选型要点

基础的作用是将建筑上部结构传来的荷载转换、调整分配到基础，由基础传递到深部较坚硬的、压缩性小的土层或岩层等地基内。

地基的作用是建筑物的全部荷载均由其下的底层来承担，地基是支撑基础的土体或岩体。

常用基础类型主要包括以下四类：

（1）浅基础；

（2）换填、强夯等地基处理；

（3）复合地基；

（4）桩基础。

1）浅基础

浅基础分为四类，基本情况详见表 2.5-11。

浅基础主要类型及适用情况

表 2.5-11

基础类型	适用范围	适用业态
扩展基础	把墙或柱的荷载侧向扩展到土中，使之满足地基承载力和变形的要求	多层建筑、厂房
条形基础	当地基较为软弱、柱荷载或地基压缩性分布不均匀，以至于采用扩展基础可能产生较大的不均匀沉降时，常将同一方向（或同一轴线）上若干柱子的基础连成一体而形成柱下条形基础。这种基础的抗弯刚度较大，因而具有调整不均匀沉降的能力，并能将所承受的集中柱荷载较均匀地分布到整个基底面积上	无地下室框架结构多层建筑，地基土层较好且荷载分布均匀的剪力墙结构小高层建筑
筏形基础	在软土地基上，用柱下条形基础或柱下十字交叉梁条形基础不能满足上部结构对变形的要求和地基承载力的要求时，可采用筏形基础	地基土土质均匀性差、承载力低、荷载较大、采用条形基础基底面积超过建筑物投影面积 50% 时的无地下室框架结构多层建筑及剪力墙结构小高层建筑
箱形基础	常用于上部荷载较大、地基软弱且分布不均的情况，当地基特别软弱且复杂时，可采用箱基下设桩基的方案	可采用天然地基项目有地下室的框架、剪力墙结构高层建筑

2）换填、强夯等地基处理

（1）换填地基处理

将基础底面以下 3m 厚度内的软弱土层挖去，然后以质地坚硬、强度较高、性能稳定、具有抗侵蚀性的砂、碎石、卵石、素土、灰土、煤渣、矿渣等材料分层充填，并同时以人工或机械方法分层压、夯、振动，使之达到要求的密实度，成为良好的人工地基。详见表 2.5-12。

换填地基处理

表 2.5-12

名称	换填地基处理
适用范围	1. 冲刷较小的软土地基或地域性特殊土质。 2. 软土层不太厚
优点	1. 承载力高。 2. 变形小。 3. 施工方便，成本低
缺点	1. 换填厚度不宜超过 3m，较深厚的软弱土层，换填不能解决长期变形过大的问题。 2. 换填后承载特征值最大不超过 300kPa，基底压力大于 250kPa 时，要慎用换填法。 3. 建筑物体形复杂、整体刚度差、荷载分布不均及对差异变形敏感的建筑，均不宜使用浅层局部换填的处理方法

（2）强夯地基处理

强夯地基是将重锤从高处自由落下，给地基以冲击力和振动，从而提高地基土的强度并降低其压缩性。详见表 2.5-13。

强夯地基处理 表 2.5-13

名称	强夯地基处理
适用范围	1. 最适宜处理深厚填土地基；对于深厚填土地基，换填垫层经济性大幅下降，复合地基和桩基础又存在负摩阻力问题。 2. 碎石土、无黏性土、松散砂土、杂填土、素填土、非饱和黏性土及湿陷性黄土。 3. 对变形控制不敏感的工程
优点	1. 承载力高。 2. 变形小。 3. 施工方便，成本低
缺点	1. 施工过程中振动比较大，不适合用于离既有建筑物比较近的区域，容易产生扰动和扰民。 2. 地下水位高时，可能会影响施工或夯实效果，须采取降水措施

3）复合地基

通过对部分土体的增强与置换作用，形成由地基土和竖向增强体共同承担荷载的人工地基。

分为两种：水平向增强体复合地基、竖向增强体复合地基。

（1）水平向增强体复合地基

水平加筋垫层：先铺设一层级配良好的砂石垫层，再铺设钢筋网，压实后又铺设一层级配良好的砂石垫层再压实，以形成具有一定抗弯强度的加筋垫层。由于柔性基础下复合地基的承载力低，且沉降大，地基破坏主要是由于桩间土进入流动状态，桩底强度发挥度很低。适用于：路堤工程。在路堤等柔性基础下设置刚度较大的加筋垫层，可以防止桩体的刺入变形，提高地基的承载力，减少复合地基沉降。

水平加筋垫层作用：

①承担水平荷载，提高地基土承载力。

②增强地基土的约束力，提高竖向承载力。

③增强路堤填料土拱效应，调整不均匀沉降。

④应力扩散和柔性筏基效应。

（2）竖向增强体复合地基

由竖向增强体和天然地基土体形成的复合地基（表 2.5-14）。区分为柔性桩和刚性桩。

①柔性桩：柔性桩的桩体刚度较小，会产生一定的变形。包含：

a. 砂土桩；

b. 振冲碎石桩；

c. 土挤密桩；

d. 石灰桩。

②刚性桩：刚性桩的桩体刚度较大，变形很少。包含：

a. 水泥粉煤灰碎石桩（CFG 桩）；

b. 灰土挤密实桩；

c. 夯实水泥土桩；

d. 水泥土搅拌桩；

e. 粉体旋喷桩。

竖向增强体复合地基适用范围　　　　　　　表 2.5-14

分类		适用范围
散体材料桩	砂石桩	松散地基、粉土、黏性土、杂填土、素填土等
	振冲碎石桩	砂性土、粉土、粉质黏土、杂填土、素填土等
	土挤密桩、灰土挤密实桩	湿陷性黄土、人工填土、非饱和黏性土
实体桩	水泥土搅拌桩、粉体旋喷桩	正常固结的淤泥与淤泥质土、粉土、饱和黄土、素填土、黏性土以及无流动地下水的饱和松散砂土
其他	石灰桩	饱和黏性土、淤泥、淤泥质土、杂填土、素填土等
	水泥土搅拌桩	地下水位以上的粉土、黏性土、杂填土、素填土等
	水泥粉煤灰碎石桩（CFG 桩）、素混凝土桩	黏性土、粉土和素填土等

（3）常用复合地基——水泥粉煤灰碎石桩（CFG 桩）复合地基

CFG 桩复合地基，全称水泥粉煤灰碎石桩复合地基，它是由水泥、粉煤灰、碎石、砂加水拌合，利用振动打桩机或在长螺旋钻管内通过泵送压成桩机具制成的一种具有一定粘结强度的半刚性桩。CFG 桩是一种低强度混凝土桩，可充分利用桩间土的承载力共同作用，并可传递荷载到深层地基中去。长螺旋钻孔中心压灌成桩优于振动沉管。详见表 2.5-15。

水泥粉煤灰碎石桩（CFG 桩）复合地基　　　　　　表 2.5-15

名称	水泥粉煤灰碎石桩（CFG 桩）复合地基
适用范围	1. 适用于处理黏性土、粉土、砂土和以自重固结的素填土等地基。 2. 有承载力较高的土层作为桩端持力层
优点	1. 置换作用强。 2. 地基变形小，承载力提高幅度大。 3. 工程造价低，可就地取材
缺点	1. 施工工艺较复杂。 2. 出土桩增加土方运输工作量和工程成本。 3. 对淤泥质土及承载力标准值不大于 50kPa 的土应慎用
参考造价	强度 C40CFG 桩 900 元 /m³，CFG 桩碎石褥垫层 190 元 /m³
参考工期	16h 工作制，1d 长螺旋桩基完成 80m³，完成直径 400mm 桩 640m

4）桩基础

将建筑上部结构传来的荷载转换、调整分配到桩，由桩传递到深部较坚硬的、压缩性小的土层或岩层。

按承载性状分类：端承桩、端承摩擦桩、摩擦桩、摩擦端承桩。

按施工工艺分类：打（压）入式桩、灌注桩。

打（压）入式桩分类：钢板桩、预制桩。

灌注桩分为两类：

（1）干作业成孔灌注桩：

①人工挖孔桩；

②沉管灌注桩；

③长螺旋钻孔灌注桩。

（2）泥浆护壁钻孔灌注桩：

①潜水钻机成孔灌注桩；

②正循环回旋钻成孔灌注桩；

③反循环回旋钻成孔灌注桩；

④冲击反循环成孔灌注桩；

⑤旋挖成孔灌注桩。

（3）预制桩：

①预应力混凝土管桩（表 2.5-16）

预应力混凝土管桩　　　　　　　　　　　　　　表 2.5-16

名称	预应力混凝土管桩——PC 桩，预应力高强混凝土管桩——PHC 桩
成桩方法	挤土桩
适用桩径	PC 桩 300~600mm，PHC 桩 400~600mm
适用桩长	每节 8~15m
适用范围	1.适用于整体地层及基岩埋藏深，强风化或风化残积土层厚的地质条件。 2.适用于抗震设防烈度为 7 度和 7 度以下地区的多层、结构不大于 100m 的高层建筑物桩基础。 3.抗震设防烈度 8 度地区，仅适用于非液化土、轻微液化土场地，且结构高度不大于 24m 的多层建筑物
不适用范围	1.有孤石和障碍物多的地区、石灰岩地区、从软塑层突变到特别坚硬层的非整合层均不适用。 2.淤泥质土层厚度 10m 以上的地质
优点	1.质量保证率高。 2.单桩承载力高。 3.综合造价低。 4.环境污染小。 5.PHC 单桩承载力比 PC 管桩更强

续表

缺点	1. 抗弯能力差, 破损率高。 2. 接头耐久性差。 3. 具有挤土效应, 对周围建筑环境及地下管线有一定的影响。 4. 对地基承载力要求高, 新填土、淤泥土及积水浸泡过的土容易陷地产生桩基偏位纠偏、加固风险
参考造价	直径 500mmPC 桩 229 元 /m; 直径 500mmPHC 桩 249 元 /m
参考工期	16h 工作制, 1 台静压桩机 1d 完成 180m³, 完成 640m

②预应力混凝土空心方桩（表 2.5-17）

预应力混凝土空心方桩　　　　　　　　　　　　　　　　表 2.5-17

名称	预应力混凝土空心方桩——PS, 预应力高强混凝土空心方桩——PHS
成桩方法	挤土桩
适用桩截面	300mm × 300mm ~ 500mm × 500mm
适用桩长	每节 10 ~ 15m
适用范围	1. 适用于整体地层及基岩埋藏深, 强风化或风化残积土层厚的地质条件。 2. 适用于抗震设防烈度为 7 度和 7 度以下地区的多层、结构不大于 100m 的高层建筑物桩基础。 3. 抗震设防烈度 8 度地区, 仅适用于非液化土、轻微液化土场地, 且结构高度不大于 24m 的多层建筑物
不适用范围	1. 有孤石和障碍物多的地区、石灰岩地区、从软塑层突变到特别坚硬层的非整合层均不适用。 2. 淤泥质土层厚度 10m 以上的地质
优点	1. 节材, 在相同承载力下空心方桩边长小, 混凝土用量更低。 2. 方桩基础承台尺寸更小、配筋率更低。 3. 单桩承载力、侧阻比管桩高。 4. 空心方桩抗弯、抗剪力较强。 5.PHS 单桩承载力比 PS 管桩更强。 6. 综合经济效益较好
缺点	1. 市场上存货比管桩少, 比竹节桩多, 不太容易购买。 2. 延性比较差, 不利于抗震。 3. 对坚硬土层穿透力较管桩弱。 4. 具有挤土效应, 对周围建筑环境及地下管线有一定的影响。 5. 对地基承载力要求高, 新填土、淤泥土及积水浸泡过的土容易陷地产生桩基偏位纠偏、加固风险
参考造价	400mm × 400mmPS 桩 210 元 /m, 400mm × 400mmPHS 桩 215 元 /m
参考工期	16h 工作制, 1 台静压桩机 1d 完成 140m³, 完成 560m

③预应力混凝土竹节桩（表 2.5-18）

预应力混凝土竹节桩　　　　　　　　　　　　　　　　表 2.5-18

名称	预应力混凝土竹节桩 T-PHC 桩
成桩方法	挤土桩
适用桩径	400 ~ 600mm
适用桩长	每节 8 ~ 15m

续表

适用范围	1. 适用于整体地层及基岩埋藏深，强风化或风化残积土层厚的地质条件。 2. 适用于抗震设防烈度为 7 度和 7 度以下地区的多层、结构不大于 100m 的高层建筑物桩基础。 3. 抗震设防烈度 8 度地区，仅适用于非液化土、轻微液化土场地，且结构高度不大于 24m 的多层建筑物
不适用范围	1. 有孤石和障碍物多的地区、石灰岩地区、从软塑层突变到特别坚硬层的非整合层均不适用。 2. 淤泥质土层厚度 10m 以上的地质
优点	1. 单桩竖向承载力比高强混凝土管桩高 10%～30%。 2. 单桩抗拔承载力比管桩高 40%～70%。 3. 施工质量比管桩更好
缺点	1. 专利技术生产厂家少，不容易购买，常因缺货导致现场停工。 2. 对施工管理要求高，厂家上门指导通常只有一次。 3. 容易爆桩，竹节桩接头位置不好容易断桩。 4. 具有挤土效应，对周围建筑环境及地下管线有一定的影响。 5. 对地基承载力要求高，新填土、淤泥土及积水浸泡过的土容易陷地产生桩基偏位纠偏、加固风险
参考造价	直径 500mmT-PHC 桩 256 元/m
参考工期	16h 工作制，1 台静压桩机 1d 完成 180m³，完成 640m

④预制桩特殊情况处理：引孔措施

当沉桩压力超过管桩本身的设计极限承载力，但桩尖尚未达到设计标高的情况时，需要辅以引孔措施；或是在有浅层淤泥质土层中施工管桩时，淤泥质土层中的水平挤土效应对工地旁的既有建筑物产生水平推力，造成房屋、道路开裂及下水道等移位等问题需要辅以引孔措施。

对于砂质土层，管桩难以打入情况下需要辅以引孔措施。

引孔措施：分为潜孔锤引孔与引孔机引孔，引孔机引孔造价 15 元/m，因造价便宜比较常用。

注：引孔不需要与有效桩长同样长度，施工图设计时与研发、工程沟通确定引孔长度。

⑤预制桩比选

生产周期由短到长分别是：预应力高强混凝土管桩 PHC →预应力混凝土空心方桩 PS、PHS →预应力混凝土管桩 PC、竹节桩，详见表 2.5-19。

预制桩生产周期对比表　　　　　　　　　　　　　　　　　表 2.5-19

序	桩类型	养护方法	养护时间（d）
1	预应力混凝土管桩 PC	常压蒸汽养护	28
2	预应力混凝土竹节桩 T-PHC	常压蒸汽养护	28
3	预应力混凝土空心方桩 PS	常压蒸汽养护	3
4	预应力高强混凝土空心方桩 PHS	常压蒸汽养护	3
5	预应力高强混凝土管桩 PHC	高压釜蒸汽养护	1

　　相同持力层、相同桩径，单桩充分发挥自身承载力条件下，各预制桩单桩竖向承载力由高到低分别是：预应力高强混凝土空心方桩 PHS →预应力混凝土竹节桩 PHC →预应力高强混凝土管桩 PHC →预应力混凝土空心方桩 PS →预应力混凝土管桩 PC。

　　因单桩竖向承载力差异，一般可用边长 300mm 的空心方桩代替直径 400mm 的管桩，可用边长 400mm 的空心方桩代替直径 500mm 的管桩，用边长 450mm 的空心方桩代替直径 600mm 的管桩，详见表 2.5-20。

单桩竖向承载力对比表（浙江地区）　　　　　　　　　　　　表 2.5-20

序	桩类型	桩规格（mm）	混凝土强度	单桩竖向承载力（kN）	各桩型承载力比例
1	预应力混凝土管桩 PC	ABϕ500-（125）	≥C50	2835	PC 管桩 ×1
2	预应力高强混凝土管桩 PHC	ABϕ500-（125）	≥C80	3700	PC 管桩 ×1.3
3	预应力混凝土空心方桩 PS	AB500×500-（300）	C60	3585	PC 管桩 ×1.26
4	预应力混凝土空心方桩 PHS	AB500×500-（300）	C80	4890	PC 管桩 ×1.72
5	预应力混凝土竹节桩 T-PHC	ABϕ500-460（110）	C80、C100	4050～4790	PC 管桩 ×（1.43～1.65）

　　预制桩综合单价对比详见图 2.5-6。

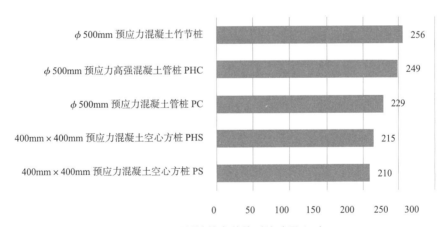

图 2.5-6　预制桩综合单价对比（元/m）

　　施工方法：优选静压法（表 2.5-21）。

　　施工进度：静压桩机每台桩机每天 600～800m；

　　锤击法每台桩机每天 400m。

预制桩施工方法对比表 　　　　　表 2.5-21

序	桩类型	锤击法特点	静压法特点
1	预应力混凝土管桩 PC	1. 振动剧烈，噪声很大，浓烟污染空气，对周围环境影响很大。 2. 两者穿透土（岩）层的能力不同，锤击法的贯穿能力比静压法强。 3. 锤击沉桩对地基土的扰动程度大、范围大，对土体产生很大的振动作用	1. 基本无振动、无噪声、无空气污染。 2. 静压法施工对场地要求比较高，要求地面承载压力达 120kPa 以上。 3. 静压成桩，土体的破坏不存在振动作用；破坏作用仅在桩土界面，范围小
2	预应力高强混凝土管桩 PHC
3	预应力混凝土空心方桩 PS
4	预应力混凝土空心方桩 PHS
5	预应力混凝土竹节桩 T-PHC

（4）灌注桩
①沉管灌注桩（已被市场淘汰，不再详述）
②人工挖孔桩（表 2.5-22）

人工挖孔桩 　　　　　表 2.5-22

名称	人工挖孔桩
成桩方法	非挤土桩
适用桩径	800 ~ 3000mm
适用桩长	25m 以内
适用范围	适用于现场不宜进行机械化施工，荷载较大的端承桩；适合于地下水位较低，硬土层埋藏较浅的地质情况；常用于山地项目
优点	1. 单桩承载力高，能充分发挥桩端阻力。 2. 质量易于保证。 3. 无噪声、无废泥浆，不须大型设备进场
缺点	1. 安全系数低，随着人工涨价已较少采用。 2. 人工消耗较大，人工开挖效率低
参考造价	直径 900mm 人工挖孔桩含护壁 2032 元 /m³
参考工期	16h 工作制，1d 完成 8m³，完成 13m

③长螺旋钻孔灌注桩（表 2.5-23）

长螺旋钻孔灌注桩 　　　　　表 2.5-23

名称	长螺旋钻孔灌注桩
成桩方法	非挤土桩
适用桩径	300 ~ 700mm
适用桩长	40m 以内
适用范围	适用于各类土层
优点	1. 无泥浆沉渣，质量稳定。 2. 单桩承载力大。 3. 噪声小

续表

缺点	1. 对管理团队及技术团队要求很高。 2. 桩长、桩径相比其他类型的灌注桩有一定限制
参考造价	直径 600mm 桩 1800 元 /m³
参考工期	16h 工作制，1d 完成 100m³，完成 360m

④潜水钻机成孔灌注桩（表 2.5-24）

潜水钻机成孔灌注桩 表 2.5-24

名称	潜水钻机成孔灌注桩
成桩方法	非挤土桩
适用桩径	600 ~ 1500mm
适用桩长	100m 以内
适用范围	1. 适用于填土、淤泥、黏土、粉土、砂土等土层。 2. 适用于城市狭小场地施工
不适用范围	不宜用于碎石土层
优点	1. 地面振动小，噪声低。 2. 钻架对地基承载力要求低。 3. 排渣技术性能优于其他泥浆护壁钻孔灌注桩
缺点	1. 无法配备冲击钻头，不宜用于碎石土层。 2. 对非均质的不良底层适应性较差，不适合在基岩中钻进。 3. 容易导致桩侧周围土层和桩尖土层松散，使桩径扩大、灌注混凝土超量。 4. 成桩质量较差
参考造价	直径 600mm 桩 1500 元 /m³
参考工期	16h 工作制，1d 完成 22m³，完成 80m

⑤反循环回旋钻成孔灌注桩（表 2.5-25）

反循环回旋钻成孔灌注桩 表 2.5-25

名称	反循环回旋钻成孔灌注桩
成桩方法	非挤土桩
适用桩径	600 ~ 4000mm
适用桩长	150m 以内
适用范围	适用于各类土层，特别适用于淤泥土层厚地质
不适用范围	1. 不适用于在比钻头吸渣口径大的卵石层或漂石中钻进。 2. 不适用于自重湿陷性黄土层。 3. 不宜用于无地下水的地层
优点	1. 适用性强，几乎在各种土层和岩层中均可施工，采用特殊钻头可切削岩石。 2. 通常情况用天然泥浆即可保护孔壁。 3. 孔底沉渣排除比正循环有利，成孔质量较好。 4. 施工速度比正循环快

缺点	1. 泥浆污染严重，泥浆外运价格高。 2. 操作复杂、土层中有压力较高的承压水或地下水时，成孔较困难。 3. 如果水压头和泥浆密度等管理不当，会引起坍孔。 4. 钻架大，架设空间大。 5. 用水量较大，不宜用于无地下水的地层
参考造价	直径 600mm 桩 1500 元 /m³
参考工期	16h 工作制，1d 完成 17m³，完成 60m

⑥冲击反循环成孔灌注桩（表 2.5-26）

冲击反循环成孔灌注桩 表 2.5-26

名称	冲击反循环成孔灌注桩
成桩方法	非挤土桩
适用桩径	800 ~ 1600mm
适用桩长	40m 以内
适用范围	非常适用于卵砾石、嵌岩等复杂的桩基工程施工
优点	在卵砾石、嵌岩等复杂的地层成孔速度比反循环回旋钻机成孔快 2 ~ 3 倍，尤其在一些丘陵山区较为适用
缺点	在淤泥质土、黏性土、粉土、粉细砂等细颗粒土层施工时，反循环回旋钻机比冲击反循环钻机快 1.2 倍
参考造价	直径 800mm 桩 1800 元 /m³
参考工期	16h 工作制，1d 完成 10m³，完成 20m

⑦旋挖成孔灌注桩（表 2.5-27）

旋挖成孔灌注桩 表 2.5-27

名称	旋挖成孔灌注桩
成桩方法	非挤土桩
适用桩径	700 ~ 3500mm
适用桩长	120m 以内
适用范围	可适应微风化岩层的施工，可在水位较高、卵石较大等用正、反循环及长螺旋钻无法施工的地层中施工
优点	1. 自动化程度高，机动性好。 2. 成桩质量好。 3. 泥浆用量少，环保。
缺点	1. 设备昂贵，单方造价高。 2. 容易发生坍孔、扩孔现象，混凝土用量高。 3. 沉渣处理困难，须用清渣钻头。 4. 在岩层、较细密卵砾层、孤石层施工较困难，易发生孔内事故和机械事故
参考造价	直径 800mm 桩 1713 元 /m³
参考工期	16h 工作制，1d 完成 50m³，完成 100m

⑧灌注桩后注浆工艺

适用范围：用于沉管灌注桩之外的各种钻、挖、冲孔灌注桩。

优点：

a.采用后注浆工艺在浙江可提高 10%～30% 的承载力，沉降减少 20%～30%，在北京局部地区可提高 100% 的承载力。

b.加固灌注桩的沉渣和泥皮，加固桩底和桩侧一定范围的土体，提高了灌注桩质量稳定性。

c.施工方法灵活，注浆设备简单，便于普及推广。

缺点：

a.施工中要工艺合理、措施得当、管理严格、精心施工，才能达到预取效果，否则会造成注浆管被堵、注浆管被包裹、地面冒浆和地下窜浆情况。

b.压力注浆必须在桩身混凝土强度达到一定值后进行，延迟了施工周期。

参考造价：造价在各类钻、挖、冲孔灌注桩造价基础上增加 10%。

5）各类桩型对比

为了便于比较，把所有桩型统一按立方米计算。

（1）各类桩型施工速度对比，详见图 2.5-7。

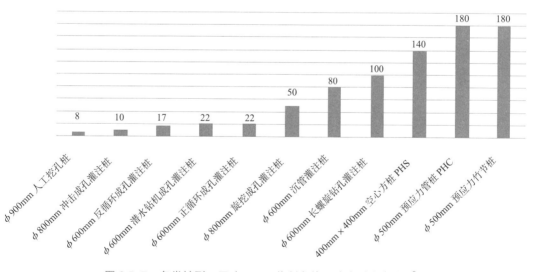

图 2.5–7　各类桩型一天（16h 工作制）施工速度对比表（m³）

（2）各类桩型综合单价对比，详见图 2.5-8。

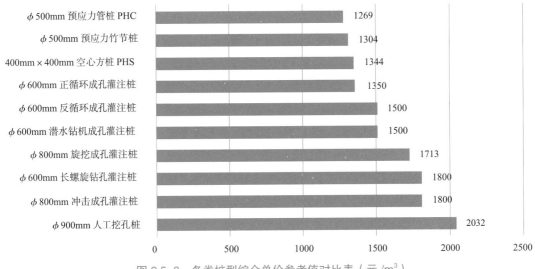

图 2.5–8　各类桩型综合单价参考值对比表（元 /m³）

6）桩基桩型要点复盘

根据项目地质情况选择各类基础，综合单价由低到高依次是：浅基础→换填、强夯等地基处理→复合地基→桩基础。

详细调研当地常用基础类型，择优选择符合当地土质的基础，存在多种基础类型可选择时，需要根据各类基础适用范围、优缺点、施工效率、经济性择优选择符合项目土质的基础。

第 3 章

地下结构工程

本章／摘要

城市土地资源越来越稀缺，建筑物在向上发展的同时也开始大力地开发地下空间，建设项目中地下面积的占比日益增加。因此，加强地下结构工程的质量、进度、成本管理工作显得尤为关键。

地下结构设计是整个建筑结构设计中的一个特别环节。地下结构工程既要发挥正常功能，还要承担来自地面的压力荷载，在设计中稍有不慎就会给整个建筑质量造成较大影响；地下结构一般不能像地上结构一样进行标准化设计；地下结构成本属于客户的非敏感性成本。

地下结构工程的成本优化，重心是地下车库的优化。一般是在经济性与安全性、舒适性之间选择一个平衡点。一般情况下优化主要有以下三类：①合理选择结构类型；②地下室结构层高控制；③精细化设计降低材料用量。

而地下车库在建筑设计上的优化内容一般包括减少地下室层数和面积、减少地下室埋深、增加车位总货值等。在《建筑设计成本优化实战案例分析（上册）》中有相关案例介绍。地下车库在建筑、结构两个专业优化上不同之处在于客户对于顶板、底板结构形式的敏感度低，而单车位面积指标过于紧凑的情况下会影响客户的使用体验。

【案例 3.1】列举的是温州某高层住宅地下室结构方案选型优化案例，该案例的特点是建设单位在设计前期委托设计咨询单位进行全过程设计优化管理。优化过程包括三个阶段——事前输入设计任务书标准，事中结构形式多方案比选监督落地，事后验算指标。通过第三方进行全过程设计管理，实现了限额设计目标，且在限额设计指标的基础上降低成本 865 万元，降低率 6%。

【案例 3.2】列举的是哈尔滨某超高层综合体地下室结构层高优化案例，该案例的特点是原设计 4 层地下室总层高 22m，接近于常规 5 层地下室的总层高，导致地下室超目标成本近 1 亿元，超出比例 29%。在引入设计咨询公司后采取顶板结构选型优化、纠正地下二层净高取值等技术手段，降低成本 1.3 亿元，降低率 30%。

【案例 3.1】

温州某高层住宅地下室结构方案选型优化

近十年来房地产大开发，住宅项目同质化越发明显，趋向制造业。受其影响，在设计费下降的趋势下，设计企业的业务结构逐渐变为薄利多销的形式，通过完成大批量的设计工作来提高产值。设计企业的重心开始转向如何快速画图、通过图审，确保了设计出图高效的同时，可能付出的代价是图纸质量和经济性，"错漏碰缺"越来越多，结构设计限额指标超限额的案例层出不穷。

以某"当天出图"公司为例，为了实现高周转目标，在产品标准化体系和设计院子公司的支持下极限地压缩设计出图周期。在对 2018 年以来合作的近二十多个纯财投项目进行清算中发现，合作项目的住宅建安成本比同地域高出 100 ～ 200 元 /m²（建筑面积）。经深入分析，主要原因为结构指标均严重偏高，比同地域主流地产住宅项目高出 10% ～ 20%，属于以建安成本换财务成本的典型案例。

随着房地产青铜时代到来，高周转发展模式不再成为优先方向，成本优化也从备选项变为必选项。如何在设计费不提升的情况下，达到结构设计含量不超限的目标？

在本案例中，由房地产开发公司委托设计咨询公司主导，采用事前输入标准，事中多方案比选监督落地，事后算量验证"的形式，通过全过程设计管理，实现了结构优化的既定目标（表 3.1-1）。

优化前后对比简表

表 3.1-1

对比项		限额指标	优化后指标	优化效果
地下室钢筋和混凝土成本（万元）		13480	12610	减少 870（6%）
地下室钢筋和混凝土成本指标（元 /m²）		1348	1261	减少 87（6%）
钢筋	含量（kg/m²）	115	104	减少 11（10%）
	成本（元 /m²）	633	572	减少 61（10%）
混凝土	含量（m³/m²）	1.1	1.06	减少 0.04（3.6%）
	成本（元 /m²）	715	689	减少 26（3.6%）

1. 基本情况

1）工程概况（表 3.1-2）

工程概况表　　　　　　　　　　　　　　　　　　表 3.1-2

工程地点	浙江省温州市
工程时间	2021—2024 年
物业类型	高层业态
项目规模	27 幢高层，1 幢小高层，地下室为整体 1 层，局部 2 层；总建筑面积 40.16 万 m²，其中：地下室 10 万 m²
场地类别	Ⅱ类
结构设计	剪力墙结构，抗震设防烈度 6 度，基本地震加速度取值 0.05g
土质特征	软土地基，淤泥层厚达 10 ~ 15m

2）限制条件

工程所在城市濒临东海，属于冲积—海积型平原，岩性包括淤泥质黏土、砂土及粉细砂、砂砾石等。其厚度分布不均，其中淤泥土层厚达 10 ~ 15m。因地质较差，该地区前些年采用预制桩作为桩基础，在预制桩严重偏位后进行加固的情况较多，既延长了施工工期，又增加了工程成本，导致近五年当地桩基础普遍采用钻孔灌注桩，一定程度上影响了地下室结构柱网形式的选择。

3）发起优化的原因介绍

因项目建设规模较大，在拿地测算时目标成本金额编制得较为紧凑。为避免出现设计图纸结构含量超限导致突破目标成本的问题，在项目设计工作启动前，设计管理部联合成本管理部，于 2020 年 5 月委托上海思优建筑科技有限公司承担设计咨询业务，负责本项目的全过程设计优化工作。

作者为设计咨询单位总经理。

2. 优化过程与结果

对设计全过程的管理，主要管理动作按时间顺序包括三部分：事前输入标准，事中多方案比选督促落地，事后算量验证。

1）事前输入标准

事前输入标准，即管控结构设计工作的依据，从结构设计的源头抓起。设计管理部结合设计咨询单位提供的优化建议，在设计单位招标前，在设计任务书上约定双方在限额设计上的责任和义务，要求设计单位严格按设计任务书的要求开展工作。

在设计单位开展工作之前，设计管理部对设计单位进行交底，在结构设计上的交底内容主要包括以下方面。

（1）设计管理要求

①结构设计应遵循安全、合理、经济、先进的原则并满足建筑使用功能，设计时应进行多方案比较并与同类结构进行技术经济比较，优化结构设计。

②配合设计咨询公司进行结构选型，经过方案优化选用抗震作用及抗风性能好的结构体系和结构布置方案，所选用结构体系应受力明确、传力简捷、经济合理，尽量避免采用短肢剪力墙、异形柱等结构体系。

③设计中应高度重视与建筑、设备专业以及施工单位的密切配合，根据功能要求选择安全适用、经济合理、便于施工的结构方案。

④结构施工图设计时遇到特殊问题，对成本有较大影响时，要及时与建设单位联系。

（2）主要设计参数及材料

①本工程抗震设防烈度为 6 度，设计基本地震加速度为 $0.05g$，设计地震分组为第一组，场地类别为 Ⅱ 类，多遇地震的设计特征周期为 0.35s；结构阻尼比为 0.05。本工程高层住宅楼为剪力墙结构，抗震等级为四级。

②一般情况下，钢筋采用 HRB400 级，小直径箍筋可采用 HPB300、HRB335 级。

③一般情况下，高层 80m 内，混凝土墙柱梁板采用 C25～C30，地下室与土壤接触部位采用 C35，抗渗等级 P6。

（3）荷载取值

①结构荷载取值需按照《建筑结构荷载规范》GB 50009—2012，根据项目情况选取合理数值，不得随意增大或减小，注意荷载组合时各分项系数的选取，以及构件计算时荷载折减系数的选取。施工图设计开始前需提供结构计算的荷载取值及计算依据给建设单位复核。

②风荷载计算需根据项目所处地段及发展规划，选取合理的地面粗糙度，对于刚度控制的高层建筑，需按照相关规定，合理选取层间位移角限值。

③基础设计时应注意选取正确的荷载组合方式。

④消防车道的楼盖设计时按照《建筑结构荷载规范》GB 50009—2012 的强制性条文规定：对楼盖主次梁的设计荷载应予以折减。实际上机计算时，消防车道的楼面板和楼面梁应分别计算。

⑤地下室顶板荷载应考虑施工荷载，但施工荷载与覆土荷载不同时考虑，取大值。

⑥建筑做法荷载参建筑设计任务书提供标准建筑做法的荷载取值。

（4）结构限额

设计单位结构设计师须在方案设计阶段积极参与，并进行结构初步试算，综合考虑安全、合理、经济、先进等因素，对建筑方案提出专业意见与建议，为后续设计的顺利进行提供保证。建设单位集团公司对于温州地区结构设计限额详见表 3.1-3。

结构设计限额指标表　　　　　　　　　表 3.1-3

内容	抗震等级	混凝土含量（m³/m²）	钢筋含量（kg/m²）
不大于 80m 高层（无 PC）	四级	0.36	41
非人防地下室：一层地下室		1	105
人防地下室：一层地下室局部、二层地下室		1.3	135
地下室平均（加权）限额		1.1	115

（5）结构布置及构造措施

设计任务书内参照《高层建筑混凝土结构技术规程》JGJ 3—2010 规定，对各部位结构设置原则、钢筋配置要求进行了约定，并提供了建设单位内部标准构造措施供设计单位参照执行，受篇幅所限，节选部分内容如下：

剪力墙设计

1）构件截面的选择应在满足建筑要求的前提下尽量做到经济合理，墙轴压比宜接近规范限值。

2）住宅单体上部结构的剪力墙应尽量布置在平面两端，既可加大整体抗扭刚度，又可使户内的剪力墙尽量少，有利于住户改造。剪力墙的合理间距应控制在 5 ~ 7m，过小影响使用，过大则可能使梁截面过大，也会影响使用。

3）剪力墙边缘构件按《高层建筑混凝土结构技术规程》JGJ 3—2010 第 7.2.14 ~ 7.2.16 条配筋，并取低值。

4）当两个边缘构件之间的墙体长度小于 200mm 时，边缘构件合并处理；长度 200 ~ 500mm 时，可在一起绘制但分开配筋。

5）剪力墙边缘构件纵筋，同一截面可采取多种直径钢筋进行配筋设计，以使实际配筋与计算或构造要求配筋更接近，且大直径钢筋放置在角部。

6）剪力墙加强部位及其上一层设约束边缘构件时，如所需箍筋较大时，宜采用 HRB400 级钢筋。

7）剪力墙的截面厚度应满足《高层建筑混凝土结构技术规程》JGJ 3—2010 第 7.2.2 条要求。当不满足时应手工复核墙体稳定性验算，确定剪力墙厚度，不能直接看电算结果来判断。

（1）剪力墙的截面厚度有必要时可以采用多种尺寸，可不只考虑尺寸为常规尺寸。

（2）常规剪力墙墙身构造配筋（最小配筋率为 0.25%，见《高层建筑混凝土结构技术规程》JGJ 3—2010 第 7.2.17 条）按表 3.1-4 取值。

常规剪力墙墙身构造配筋表　　　　　　　　　　　　　表 3.1-4

墙厚 （mm）	水平分布筋（一、二、三级）（mm）	竖向分布筋（一、二、三级）（mm）	排数
200	$\phi 8@200$（0.25%）	$\phi 10@250$（0.25%）、$\phi 10@200$（0.262%）	2
250	$\phi 10@250$（0.25%）、$\phi 10@200$（0.262%）	$\phi 10@250$（0.25%）、$\phi 10@200$（0.262%）	2
300	$\phi 10@200$（0.262%）	$\phi 10@200$（0.262%）	2
350	$\phi 10@180$（0.25%）	$\phi 10@180$（0.25%）	2
400	$\phi 10@150$（0.262%）	$\phi 10@150$（0.262%）	2

8）约束边缘构件在非阴影区部分应随详图一并画出配筋，不采用统一大样；非阴影区长度在 200mm 以内可合并至阴影区。

2）事中多方案比选

在建筑设计方案阶段，设计管理部要求结构设计师根据地勘报告提供桩基础方案，进行桩基础及地下室结构比选。具体包括柱网形式、结构顶板形式、结构底板形式比选。

（1）柱网形式比选

根据地勘报告中的土层特征，本地块持力层位于⑥$_2$黏土层，持力层厚度平均 8m，持力层在项目正负零以下 75～83m，经抗压验算、抗浮验算，钻孔灌注桩采用"一柱一桩"即可满足要求。

抗压验算内容如下：

抗压验算

正负零：	5.130（m）
抗浮水位：	4.600（m）
底板顶标高：	0.030（m）
柱网面积：	8.35×（6.7/2+5/2）=48.848（m²）
1.5m 厚覆土：	1.5×18=27.00（kN/m²）
负一层顶板 250mm 厚：	0.25×25=6.25（kN/m²）
顶板吊顶＋抹灰：	0.50（kN/m²）
负一层梁自重：	[0.4×0.45×8.35+0.3×0.4×（6.7+5）/2]×25/48.848
	=1.13（kN/m²）
负一层柱自重：	0.4×0.6×（3.5-0.7）×25/48.848=0.34（kN/m²）
50mm 底板面层：	0.05×20=1（kN/m²）
底板自重：	0.4×25=10（kN/m²）
柱墩自重：	（0.7-0.4）×2.8×2.3×25/48.848=0.99（kN/m²）
顶板活载：	5（kN/m²）
底板活载：	4（kN/m²）

合计：	56.21（kN/m²）
基础底板持力层承载力：	55（kN/m²）
单桩抗压承载力特征值：	1750（kN）
单柱下压力值：	56.21×48.848=2746（kN）
若采用一桩一柱：	
基础底板下压力值：	（2746-1750）/48.484=20（kN/m²）
基础底板下压力值/持力层承载力	20/55=0.37＜1

满足要求，故采用"一柱一桩"。

抗浮验算内容如下：

抗浮验算

正负零：	5.130（m）
抗浮水位：	4.600（m）

底板顶标高：	0.030（m）
水浮力：	（4.6-0.03+0.4）×9.8=48.706（kN/m²）
柱网面积：	8.35×（6.7/2+5/2）=48.848（m²）
1.5m 厚覆土：	1.5×15=22.50（kN/m²）
负一层顶板 250mm 厚：	0.25×25=6.25（kN/m²）
负一层梁自重：	[0.4×0.45×8.35+0.3×0.4×（6.7+5）/2]×25/48.848
	=1.13（kN/m²）
负一层柱自重：	0.4×0.6×（3.5-0.7）×25/48.848=0.34（kN/m²）
底板自重：	0.4×25=10（kN/m²）
柱墩自重：	（0.7-0.4）×2.8×2.3×25/48.848=0.99（kN/m²）
合计：	41.21（kN/m²）
标准柱跨下抗拔桩需承担的水浮力：	（48.706×1.1-41.21）×48.848
	=604（kN）
单桩抗拔承载力特征值按：	900（kN）
标准柱跨下抗压桩所需根数	604/900=0.67（根）
故取整一根。	

设计咨询单位提供比选方案如下：

①钻孔灌注桩桩径与桩长最大做到 110 长径比，桩径 650mm 钻孔灌注桩最大桩长可达到 71.5m。

方案一：大小柱网，典型柱网尺寸：8.35m×（5+6.7+5）m，桩径 650mm 钻孔灌注桩，桩长 70m（单桩承载力特征值 2500kN），桩数量 2534 根。

方案二：小柱网，典型柱网尺寸：5.4m×5m，桩径 650mm 钻孔灌注桩，桩长 70m（单桩承载力特征值 2500kN），桩数量 3260 根。

②钻孔灌注桩桩径与桩长按规范宜控制在 100 长径比。

方案三：大小柱网，典型柱网尺寸：8.35m×（5+6.7+5）m，桩径 700mm 钻孔灌注桩，桩长 70m（单桩承载力特征值 2700kN），桩数量 2346 根。

经济性比选详见表 3.1-5。

地下室整体造价经济性比选表 表 3.1-5

方案	柱网形式	内容	层高（m）	桩径（mm）	桩长（m）	桩数（根）	工程量（m³）	综合单价/建面单方指标（元/m²）	合价（万元）
一	大小柱网	桩基础	3.6	650	70	2534	58830	1500	8825
		土方费用			—		645084	120	7741
		地下室建安成本			—		117288	2500	29322
		地下室总造价	单车位指标：35m²/辆						45888
二	小柱网	桩基础	3.3	650	70	3260	75685	1500	11353
		土方费用			—		622081	120	7465
		地下室造价			—		119631	2300	27515
		地下室总造价	单车位指标：35.5m²/辆						46333
三	大小柱网	桩基础	3.6	700	70	2346	63167	1500	9475
		土方费用			—		645084	120	7741
		地下室造价			—		117288	2500	29322
		地下室总造价	单车位指标：35m²/辆						46538
备注	a. 地下室建安成本按地下室建筑面积 × 建面单方指标计算。 b. 小柱网地下室建面单方指标按经验数值比大小柱网地下室建面单方指标低 200 元/m²。 c. 小柱网地下室单车位指标比大小柱网单车位指标高 0.5m²/辆，本地库小柱网的地下室面积比大小柱网地下室增加 2343m²。								

经分析，本地块因持力层深导致钻孔灌注桩桩长偏长，及钻孔灌注桩综合单价较高等原因，小柱网形式桩基础增量金额已超过地下室建安成本减量金额。

设计管理部召开结构选型专项会议，邀请项目总经理、营销管理部、成本管理部、工程管理部一起参加，因周边竞品地下室均采用大小柱网形式，考虑到大小柱网视觉通透性好、停车比小柱网方便、大小柱网车位更容易去化等因素，会议决策选择经济性最好的方案一，采用大小柱网形式。柱网尺寸主要为 8.35m×（5+6.7+5）m，下述方案均选择典型柱网作方案比选。

（2）地下一层顶板经济性比选

本地块总图及地下室建筑布置图完成后，设计单位按要求提供了地下室顶板、底板结构选型给设计管理部，设计管理部协调成本管理部进行经济性比选分析。

本项目地库顶板覆土 1.5m，本次经济分析按以下荷载进行取值，地下一层顶板恒荷载暂按 27.5kN/m²，活荷载按 5kN/m²。柱网尺寸主要为 8.35m×（5+6.7+5）m，混凝土强度等级为 C35，钢筋为 HRB400 级。

根据使用功能不同，一层顶板区分为：平时荷载、消防荷载、人防荷载。

因《地下工程防水技术规范》GB 50108—2008 规定结构厚度不应小于 250mm，本次经济性分析主要对平时荷载情况下以下三种方案进行对比。

①方案一：大板方案（表 3.1-6、图 3.1-1）

方案一：大板方案主要构件尺寸	表 3.1-6
板厚 250mm	
小跨 X 向主梁：400mm × 800mm	大跨 X 向主梁：450mm × 800mm
小跨 Y 向主梁：300mm × 600mm	大跨 Y 向主梁：300mm × 700mm

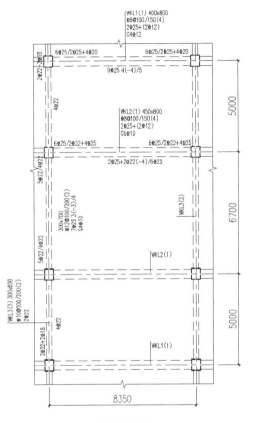

地下室顶梁配筋

1、梁板混凝土等级为 C35。
2、抗震等级为四级。

地下室顶板配筋

未注明板厚均为 250mm，图中所示板面配筋为附加钢筋。
未注明的板底配筋，X 向：Φ 12@180 拉通，Y 向：Φ 12@160 拉通。
板顶配筋：Φ 12@180 双向拉通。

图 3.1-1　地下室一层顶板（平时荷载）大板方案

②方案二：单次梁方案（表 3.1-7、图 3.1-2）

方案二：单次梁方案主要构件尺寸	表 3.1-7
板厚 250mm	
小跨 X 向次梁：300mm × 700mm，300mm × 750mm	大跨 X 向主梁：400mm × 700mm
小跨 Y 向主梁：300mm × 800mm	大跨 Y 向主梁：400mm × 800mm

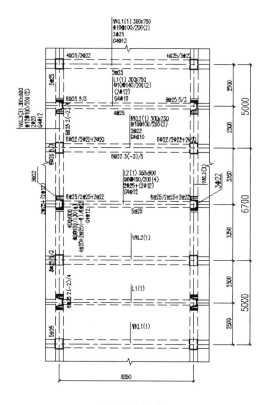
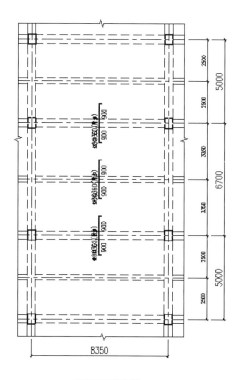

地下室顶梁配筋   地下室顶板配筋

1、梁板混凝土等级为C35。

2、抗震等级为四级。

3、图中所示梁相交处加密箍筋，每侧3根，直径同相应梁，间距50mm，未注明的吊筋均为2Φ20。次梁加密区范围同框架梁。

未注明板厚均为250mm，图中所示板面配筋为附加钢筋。

未注明的板底配筋：Φ12@180 双向拉通。

板顶配筋：Φ12@180 双向拉通。

图 3.1-2　地下室一层顶板（平时荷载）单次梁方案

③方案三：十字梁方案（表 3.1-8、图 3.1-3）

方案三：十字梁方案主要构件尺寸　　　　　表 3.1-8

板厚 250mm	
小跨 X 向次梁：300mm×750mm	大跨 X 向次梁：300mm×800mm
小跨 Y 向主梁：300mm×800mm	大跨 Y 向主梁：250mm×700mm

由表 3.1-9 地下一层顶板平时荷载下结构方案经济性分析可知，地下一层顶板（平时荷载）在柱网为 8.35m×（5+6.7+5）m 时，采用大板方案最为经济，单次梁方案次之，十字梁方案经济性较差，方案一与方案三差异金额为 95 万元（建筑面积 57630m²），故采用大板方案。

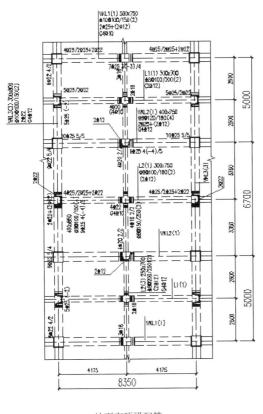

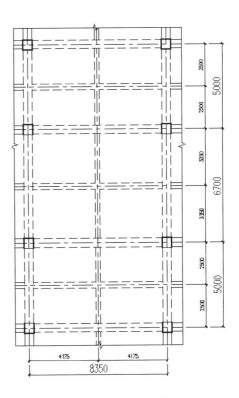

地下室顶梁配筋

地下室顶板配筋

1、梁板混凝土等级为 C35。

2、抗震等级为四级。

3、图中所示梁相交处加密箍筋，每侧 3 根，直径同相应梁，间距 50mm，未注明的吊筋均为 2 Φ 20。次梁加密区范围同框架梁。

未注明板厚均为 250mm，图中所示配筋为支座附加钢筋。

板底配筋：Φ 12@180 双向拉通。

板顶配筋：Φ 12@180 双向拉通。

图 3.1-3　地下室一层顶板（平时荷载）十字梁方案

地下室一层顶板（平时荷载）方案经济对比表　　　　表 3.1-9

方案	方案名称	钢筋		混凝土		模板		小计（元 /m²）
		含量（kg/m²）	单价（元 /kg）	含量（m³/m²）	单价（元 /m³）	含量（m²/m²）	单价（元 /m²）	
一	大板	51.53	5.5	0.32	650	1.3	60	569
二	单次梁	51.62	5.5	0.323	650	1.51	60	584
三	十字梁	49.93	5.5	0.334	650	1.57	60	586

（3）地下一层顶板经济性比选（消防荷载）

消防车道、回转场地面积占地下室一层面积的 10% ~ 20%，主要受建筑物布局影响。消防荷载应当计入活荷载的范畴，消防荷载分别和使用的活荷载进行综合考虑，消防车荷载与人防荷载不累计。

①方案一：大板方案（表 3.1-10、图 3.1-4）

方案一：大板方案主要构件尺寸	表 3.1-10
板厚 250mm	
小跨 X 向主梁：500mm × 850mm	大跨 X 向主梁：500mm × 850mm
小跨 Y 向主梁：300mm × 750mm	大跨 Y 向主梁：400mm × 750mm

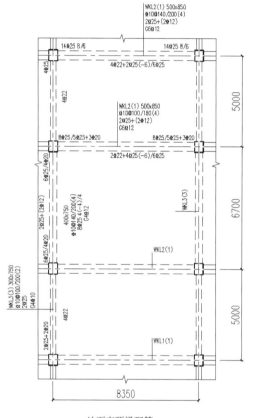

地下室顶梁配筋

1、梁板混凝土等级为 C35。
2、抗震等级为四级。

地下室顶板配筋

未注明板厚均为 250mm，图中所示板面配筋为附加钢筋。
未注明的板底配筋：X 向：⊈ 12@180 拉通，Y 向：⊈ 16@200 拉通。
板顶配筋：⊈ 12@180 双向拉通。

图 3.1-4　地下室一层顶板（消防荷载）大板方案

②方案二：单次梁方案（表 3.1-11、图 3.1-5）

方案二：单次梁方案主要构件尺寸	表 3.1-11
板厚 250mm	
小跨 X 向次梁：400mm × 800mm	大跨 X 向主梁：350mm × 800mm，400mm × 850mm
小跨 Y 向主梁：400mm × 900mm	大跨 Y 向主梁：550mm × 900mm

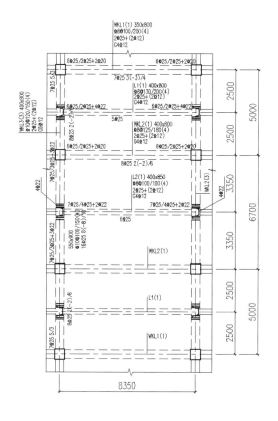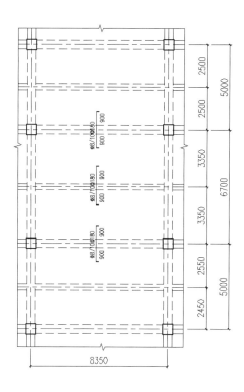

地下室顶梁配筋　　　　　　　　　　　地下室顶板配筋

1. 梁板混凝土等级为 C35。

2. 图中所示梁相交处加密箍筋，每侧 3 根，直径同相应梁，间距 50mm，未注明的吊筋均为 3 ⧄ 22。次梁加密区范围同框架梁。

3. 抗震等级为四级。

未注明板厚均为 250mm，图中所示板面配筋为附加钢筋。

未注明的板底配筋：⧄ 12@180 双向拉通。

板顶配筋：⧄ 12@180 双向拉通。

图 3.1-5　地下室一层顶板（消防荷载）单次梁方案

③方案三：十字梁方案（表 3.1-12、图 3.1-6）

方案三：十字梁方案主要构件尺寸　　　　　　表 3.1-12

板厚 250mm	
小跨 X 向次梁：400mm × 750mm	大跨 X 向主梁：400mm × 850mm，500mm × 850mm
小跨 Y 向主梁：400mm × 900mm	大跨 Y 向次梁：250mm × 750mm

　　由表 3.1-13 地下一层顶板消防荷载下结构方案经济性分析可知，地下一层顶板（消防荷载）在柱网为 8.35m ×（5+6.7+5）m 时，采用大板方案最为经济，单次梁方案次之，十字梁方案经济性较差，方案一与方案三差异金额为 41 万元（建筑面积 10170m²），故采用大板方案。

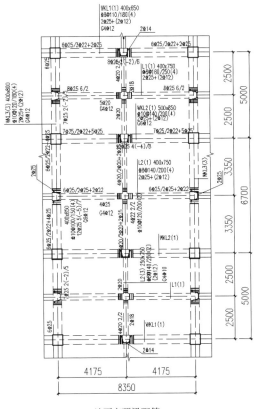

地下室顶梁配筋

1、梁板混凝土等级为 C35。

2、图中所示梁相交处加密箍筋，每侧3根，直径同相应梁，间距 50mm，未注明的吊筋均为 2 Φ 18。次梁加密区范围同框架梁。

3、抗震等级为四级。

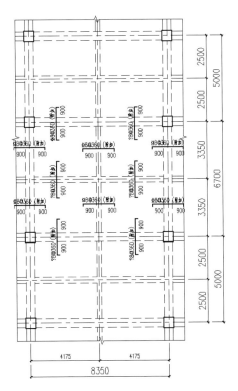

地下室顶板配筋

未注明板厚均为250mm，图中所示配筋为支座附加钢筋。

板底配筋：Φ 12@180 双向拉通。

板顶配筋：Φ 12@180 双向拉通。

图 3.1-6　地下室一层顶板（消防荷载）十字梁方案

地下室一层顶板（消防荷载）方案经济对比表　　　　　　　　　表 3.1-13

方案	方案名称	钢筋		混凝土		模板		小计（元/m²）
		含量（kg/m²）	单价（元/kg）	含量（m³/m²）	单价（元/m³）	含量（m²/m²）	单价（元/m²）	
一	大板	66.95	5.5	0.334	650	1.34	60	666
二	单次梁	63.7	5.5	0.352	650	1.55	60	672
三	十字梁	67.76	5.5	0.364	650	1.62	60	706

（4）地下一层顶板经济性比选（人防荷载）

一层地下室顶板人防荷载参数详见表 3.1-14。

一层地下室顶板人防荷载参数　　　　　　　　　　表 3.1-14

柱网	8.35m×（5+6.7+5）m		名称	大板	单次梁	十字梁
抗震等级	四级	荷载（kN/m²）	附加恒载	27.5		
混凝土强度等级	C35		活载	5		
钢筋级别	HRB400		消防荷载	—		
覆土厚度	1.5m		人防荷载	75		

①方案一：大板方案（表 3.1-15、图 3.1-7）

方案一：大板方案主要构件尺寸　　　　　　　　　表 3.1-15

板厚 250mm	
小跨 X 向主梁：550mm×850mm	大跨 X 向主梁：550mm×900mm
小跨 Y 向主梁：400mm×750mm	大跨 Y 向主梁：400mm×800mm

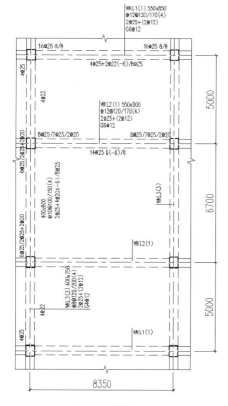

地下室顶梁配筋

1、梁板混凝土等级为 C35。

2、抗震等级为四级。

地下室顶板配筋

未注明板厚均为 250mm，图中所示板面配筋为附加钢筋。

未注明的板底配筋：X 向：⊈ 12@180 拉通，Y 向：⊈ 16@180 拉通。

板顶配筋：⊈ 12@180 双向拉通。

图 3.1-7　地下室一层顶板（人防荷载）大板方案

②方案二：单次梁方案（表 3.1-16、图 3.1-8 ）

方案二：单次梁方案主要构件尺寸		表 3.1-16
板厚 250mm		
小跨 X 向次梁：400mm×800mm，450mm×800mm		大跨 X 向主梁：500mm×850mm
小跨 Y 向主梁：500mm×850mm		大跨 Y 向主梁：600mm×950mm

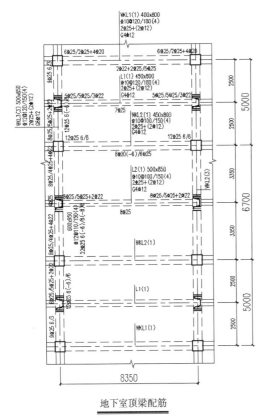

地下室顶梁配筋

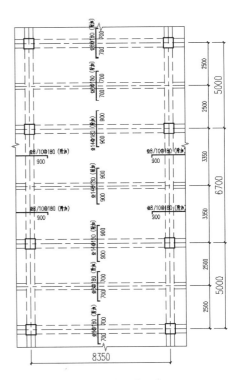

地下室顶板配筋

注：1、图中所示梁相交处梁加密箍筋，每侧 3 根，直径同相应梁，
间距 50mm，未注明的吊筋均为 2 ⌀ 14。

2、梁板混凝土等级为 C35。

3、抗震等级为四级。

未注明板厚均为 250mm，图中所示板面配筋为附加钢筋。

未注明的板底配筋：⌀ 12@180 双向拉通。

板顶配筋：⌀ 12@180 双向拉通。

图 3.1-8　地下室一层顶板（人防荷载）单次梁方案

③方案三：十字梁方案（表 3.1-17、图 3.1-9 ）

方案三：十字梁方案主要构件尺寸		表 3.1-17
板厚 250mm		
小跨 X 向次梁：400mm×750mm，400mm×800mm		大跨 X 向主梁：450mm×850mm，500mm×850mm
小跨 Y 向主梁：450mm×850mm		大跨 Y 向次梁：250mm×750mm

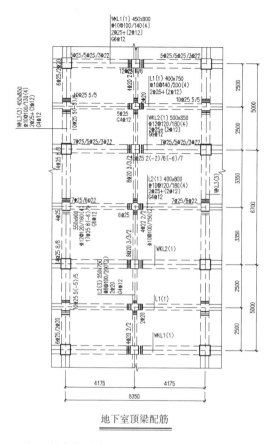

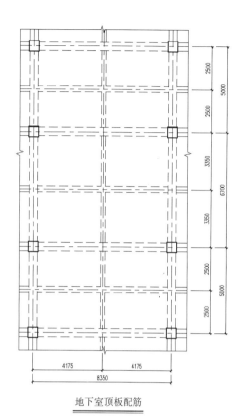

地下室顶梁配筋　　　　　　　　　　　地下室顶板配筋

注：1、图中所示梁相交处加密箍筋，每侧 3 根，直径同相应梁，　　　未注明板厚均为 250mm。
　　　间距 50mm，次梁加密区范围同框架梁。　　　　　　　　板底配筋：Φ 12@180 双向拉通。
　　2、梁板混凝土等级为 C35。　　　　　　　　　　　　　　板顶配筋：Φ 12@180 双向拉通。
　　3、抗震等级为四级。

图 3.1-9　地下室一层顶板（人防荷载）十字梁方案

　　由表 3.1-18 地下一层顶板人防荷载下结构方案经济性分析可知，地下一层顶板（人防荷载）在柱网为 8.35m×（5+6.7+5）m 时，采用大板方案最为经济，单次梁方案次之，十字梁方案经济性较差，方案一与方案三差异金额为 61 万元（建筑面积 7732m²），故采用大板方案。

地下室一层顶板（人防荷载）方案经济对比表　　　　　　　　表 3.1-18

方案	方案名称	钢筋		混凝土		模板		小计（元/m²）
		含量（kg/m²）	单价（元/kg）	含量（m³/m²）	单价（元/m³）	含量（m²/m²）	单价（元/m²）	
一	大板	70.17	5.5	0.347	650	1.38	60	694
二	单次梁	75.48	5.5	0.374	650	1.56	60	752
三	十字梁	78.52	5.5	0.375	650	1.63	60	773

（5）地下二层顶板经济分析（人防荷载）

因地下二层顶板主要为人防顶板，详见图 3.1-10，故主要进行地下二层顶板在人防荷载下的经济性分析。本项目地下二层顶板经济分析按表 3.1-19 荷载进行取值。

二层地下室顶板人防荷载参数 　　　　　　　　　　　表 3.1-19

柱网	8.35m×（5+6.7+5）m		名称	大板	单次梁	十字梁
抗震等级	四级	荷载（kN/m²）	附加恒载	2		
混凝土强度等级	C35		活载	4		
钢筋级别	HRB400		消防荷载	—		
			人防荷载	55		

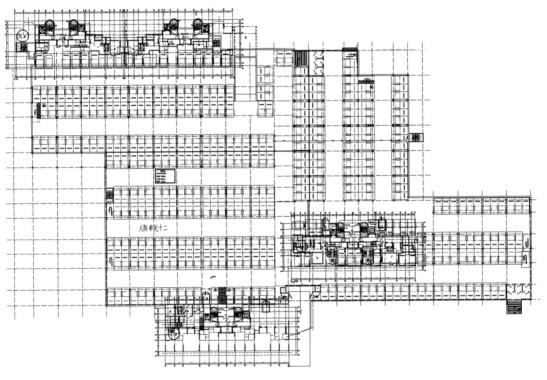

图 3.1-10　地下二层平面图

本次经济分析主要对以下五种结构方案进行对比：

方案一：无梁楼盖 250mm，柱帽方案。

方案二：无梁楼盖 200mm，托板 + 柱帽方案。

方案三：无梁楼盖 250mm，托板 + 柱帽方案。

方案四：大板方案。

方案五：单次梁方案。

①方案一：无梁楼盖 250mm，柱帽方案（表 3.1-20、图 3.1-11）

方案一：无梁楼盖，柱帽主要构件尺寸	表 3.1-20
板厚250mm	
柱帽 ZM1	长度 3000mm × 宽度 2500mm × 高度 550mm
柱帽 ZM2	长度 3000mm × 宽度 3000mm × 高度 550mm

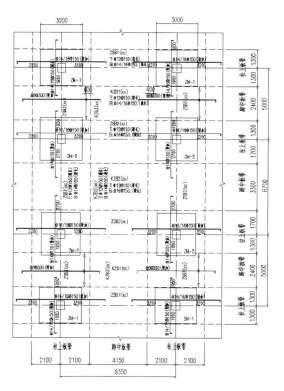

车库顶板配筋平面图

板厚 250mm，图中板带处钢筋为所处板带范围内通长筋，柱帽处钢筋为柱帽附加钢筋；板上下层钢筋之间设置梅花形拉筋 $\Phi6@450 \times 450$。

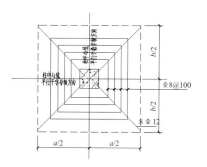

柱帽尺寸示意

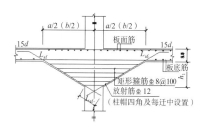

柱帽配筋大样

（板筋图中柱帽范围内的板底附加筋按此大样在柱帽中锚固）
（板底和板面筋均在柱帽范围内贯通）

柱帽尺寸表

编号	长度 a	宽度 b	高度 h_1
ZM1	3000	2500	550
ZM2	3000	3000	550

图 3.1-11　地下室二层顶板（人防荷载）无梁楼盖，柱帽方案

②方案二：无梁楼盖 200mm，托板 + 柱帽方案（表 3.1-21、图 3.1-12）

方案二：无梁楼盖，托板 + 柱帽主要构件尺寸	表 3.1-21
板厚200mm	
柱帽托板 ZM1	长度 3000mm × 宽度 2200mm
柱帽托板 ZM2	长度 3000mm × 宽度 2800mm

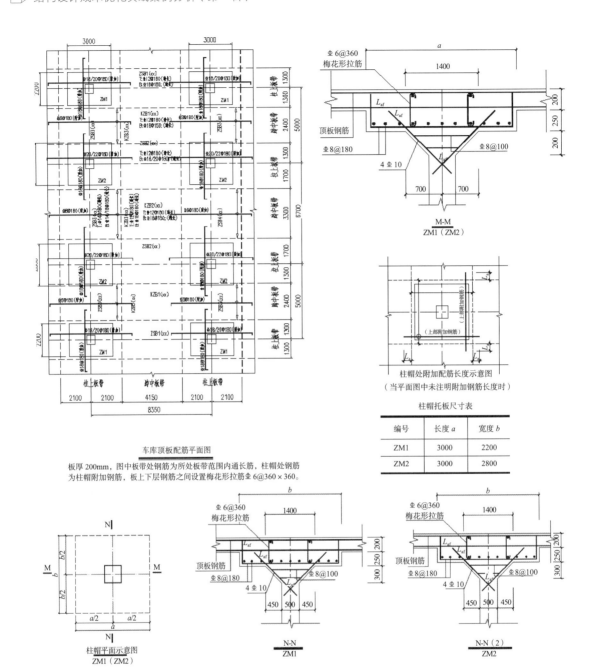

车库顶板配筋平面图

板厚200mm，图中板带处钢筋为所处板带范围内通长筋，柱帽处钢筋
为柱帽附加钢筋，板上下层钢筋之间设置梅花形拉筋⊈6@360×360。

柱帽处附加配筋长度示意图
（当平面图中未注明附加钢筋长度时）

柱帽托板尺寸表

编号	长度 a	宽度 b
ZM1	3000	2200
ZM2	3000	2800

柱帽平面示意图
ZM1（ZM2）

图 3.1–12　地下室二层顶板（人防荷载）无梁楼盖，托板＋柱帽方案

③方案三：无梁楼盖 250mm，托板＋柱帽方案（表 3.1-22、图 3.1-13）

方案三：无梁楼盖，托板＋柱帽主要构件尺寸　　　　　　　　　　　表 3.1–22

板厚 250mm	
柱帽托板 ZM1	长度 2900mm × 宽度 2000mm
柱帽托板 ZM2	长度 2900mm × 宽度 2400mm

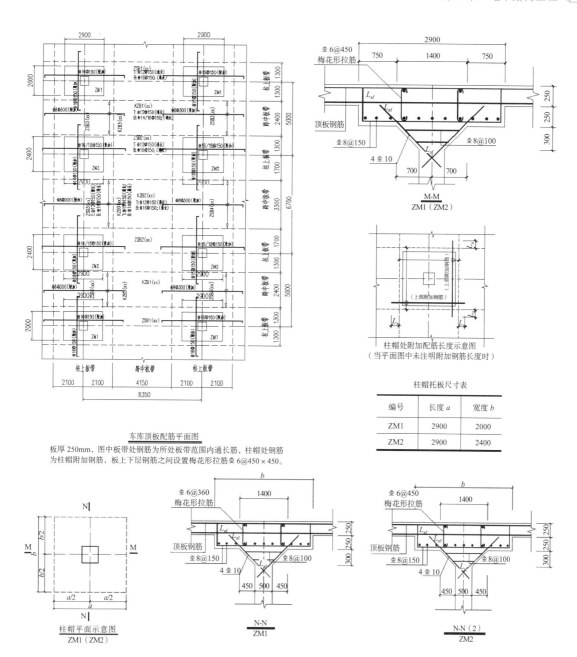

车库顶板配筋平面图

板厚 250mm，图中板带处钢筋为所处板带范围内通长筋，柱帽处钢筋
为柱帽附加钢筋，板上下层钢筋之间设置梅花形拉筋 ⏀6@450×450。

图 3.1-13　地下室二层顶板（人防荷载）无梁楼盖，托板＋柱帽方案

④方案四：大板方案（表 3.1-23、图 3.1-14）

方案四：大板方案主要构件尺寸　　　　　　　　表 3.1-23

板厚 250mm	
小跨 X 向主梁：450mm×750mm	大跨 X 向主梁：500mm×750mm
小跨 Y 向主梁：300mm×600mm	大跨 Y 向主梁：350mm×700mm

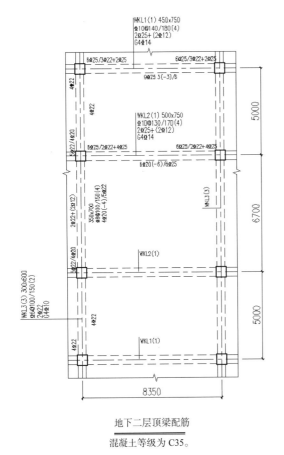

地下二层顶梁配筋

混凝土等级为 C35。

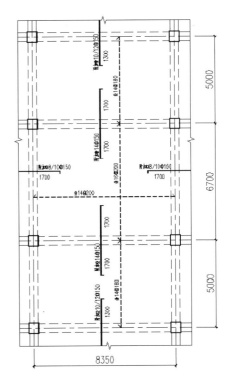

地下二层顶板配筋

未注明板厚均为200mm，图中所示板面配筋为附加钢筋。

未注明的板底筋：Φ10@150 双向拉通。

板顶配筋：Φ10@120 双向拉通。

板上下层钢筋之间设置梅花形拉筋Φ6@450×450。

图 3.1-14　地下室二层顶板（人防荷载）大板方案

⑤方案五：单次梁方案（表 3.1-24、图 3.1-15）

方案五：单次梁方案主要构件尺寸　　　　表 3.1-24

板厚 250mm	
小跨 X 向主梁：300mm×700mm，350mm×700mm	大跨 X 向主梁：400mm×750mm
小跨 Y 向主梁：400mm×700mm	大跨 Y 向主梁：500mm×800mm

　　由表 3.1-25 地下二层顶板人防荷载下结构方案经济性分析可知，地下二层顶板人防荷载在柱网为 8.35m×（5+6.7+5）m 时，采用无梁楼盖+柱帽方案最为经济，无梁楼盖，托板+柱帽方案次之，大板方案再次之，单次梁方案经济性较差，方案一与方案五差异金额为 213 万元（建筑面积 24507m²），故采用无梁楼盖+柱帽方案。

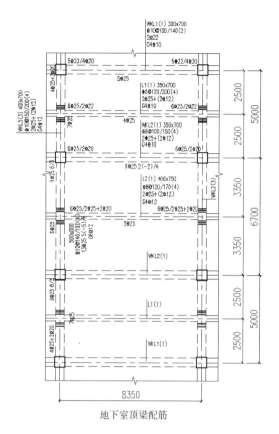

地下室顶梁配筋

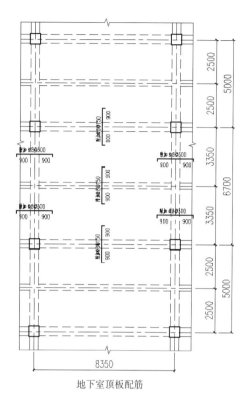

地下室顶板配筋

混凝土等级为 C35。

图中所示梁相交处加密箍筋，每侧 3 根，直径同相应梁，间距 50mm，未注明的吊筋均为 2 Φ 12。

次梁加密区范围同框架梁。

未注明板厚均为 200mm，图中所示板面配筋为附加钢筋。

板底配筋：Φ 10@150 双向拉通。

板顶配筋：Φ 10@150 双向拉通。

板上下层钢筋之间设置梅花形拉筋 Φ 6@450×450。

图 3.1–15 地下室二层顶板（人防荷载）单次梁方案

地下室二层顶板（人防荷载）方案经济对比表　　　　表 3.1–25

方案	方案名称	钢筋		混凝土		模板		小计
		含量（kg/m²）	单价（元/kg）	含量（m³/m²）	单价（元/m³）	含量（m²/m²）	单价（元/m²）	（元/m²）
一	无梁楼盖 250mm，柱帽	40.18	5.5	0.29	650	1.01	60	470
二	无梁楼盖 200mm，托板＋柱帽	45.92	5.5	0.248	650	1.06	60	477
三	无梁楼盖 250mm，托板＋柱帽	42.54	5.5	0.292	650	1.06	60	487
四	大板	49.61	5.5	0.258	650	1.3	60	519
五	单次梁	51.54	5.5	0.284	650	1.48	60	557

（6）地下一层底板经济性比选（平时荷载）

地下一层车库底板底标高大约在 –5.400m（黄海高程 –0.370m），根据地勘资料，地库地下一层基础底位于②₁层淤泥质黏土夹粉砂（地基承载力为 55kPa）和①₀冲填土层（地基承载力为 60kPa）（图 3.1-16）。

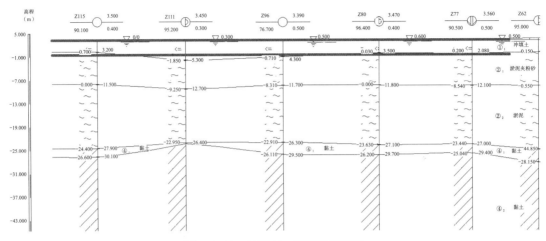

图 3.1-16　地下室一层埋深示意图

地下车库标准跨柱距为 8.35m×（5m+6.7m+5m），取标准跨建立结构模型计算并进行结构配筋图绘制及经济性测算分析。抗震等级为四级，底板混凝土强度等级为 C35，钢筋为 HRB400 级。根据建筑方案剖面图和地勘报告，抗浮水位为 -0.530m（黄海高程 4.600m），地下室层高详见图 3.1-17。

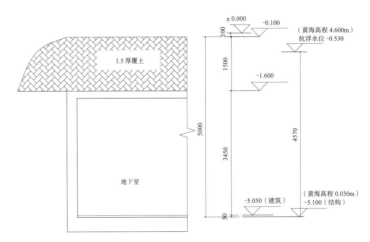

图 3.1-17　地下室一层层高剖面图

根据温州新规，一层地下室底板厚度最小为 400mm，故本次经济分析主要对以下四种结构方案进行对比：

方案一：400mm 厚底板，700mm 厚柱墩，小柱墩；

方案二：400mm 厚底板，700mm 厚柱墩，大柱墩；

方案三：400mm 厚底板，750mm 厚柱墩，大柱墩；

方案四：450mm 厚底板，700mm 厚柱墩，小柱墩。

①方案一：400mm 厚底板，700mm 厚柱墩，小柱墩（表 3.1-26、图 3.1-18）

方案一：400mm 厚底板，700mm 厚柱墩，小柱墩主要构件尺寸	表 3.1-26	
板厚 400mm		
柱墩 ZD1	长度 2800mm× 宽度 2300mm× 高度 700mm	
柱墩 ZD2	长度 2800mm× 宽度 1800mm× 高度 700mm	

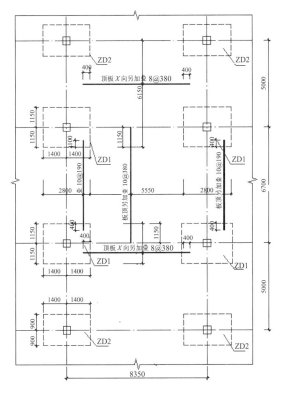

8.35×（5+6.7+5）柱网基础配筋图

说明：1）未注明板厚均为 400mm，
　　　未注明板顶通长筋：X 向 Φ 14/16@190，Y 向 Φ 14@190。
　　　未注明板底通长筋：X 向 Φ 14@190，Y 向 Φ 14@190。
　　　图中所示配筋为附加钢筋。
　　2）未注明柱墩均为 ZD1，柱墩总厚度为 700mm，配筋见详图。
　　3）底板混凝土等级为 C35。
　　4）抗震等级四级。

柱墩号	$L\times B\times H$
ZD1	$2800\times 2300\times 700$
ZD2	$2800\times 1800\times 700$

图 3.1-18　地下室一层 400mm 厚底板，700mm 厚柱墩，小柱墩方案

②方案二：400mm 厚底板，700mm 厚柱墩，大柱墩（表 3.1-27、图 3.1-19）

方案二：400mm 厚底板，700mm 厚柱墩，大柱墩主要构件尺寸		表 3.1–27
板厚 400mm		
柱墩 ZD1	长度 3000mm × 宽度 2500mm × 高度 700mm	
柱墩 ZD2	长度 3000mm × 宽度 1800mm × 高度 700mm	

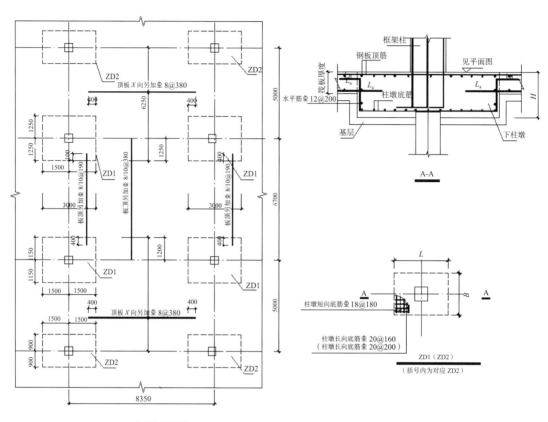

柱墩号	$L \times B \times H$
ZD1	3000 × 2500 × 700
ZD2	3000 × 1800 × 700

8.35 ×（5+6.7+5）柱网基础配筋图

说明：1）未注明板厚均为 400mm，
　　　　　未注明板顶长筋均为双层双向Φ 14@190。
　　　　　图中所示配筋为附加钢筋。
　　　2）未注明柱墩均为 ZD1，柱墩总厚度为 700mm，配筋见详图。
　　　3）底板混凝土等级为 C35。
　　　4）抗震等级四级。

图 3.1–19　地下室一层 400mm 厚底板，700mm 厚柱墩，大柱墩方案

③方案三：400mm 厚底板，750mm 厚柱墩，大柱墩（表 3.1-28、图 3.1-20）

方案三：400mm 厚底板，750mm 厚柱墩，大柱墩主要构件尺寸		表 3.1–28
板厚 400mm		
柱墩 ZD1	长度 3000mm × 宽度 2500mm × 高度 750mm	
柱墩 ZD2	长度 3000mm × 宽度 1800mm × 高度 750mm	

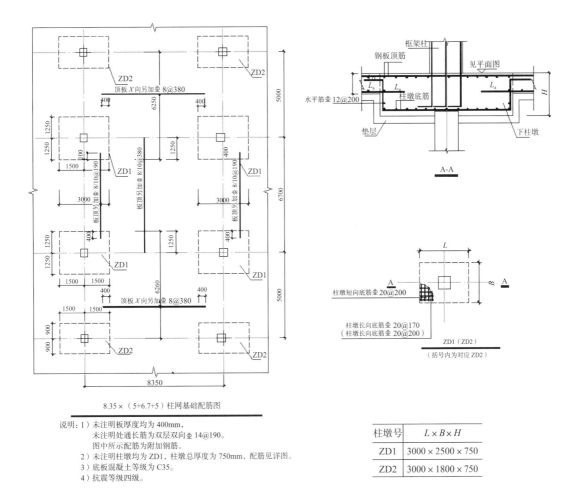

8.35×（5+6.7+5）柱网基础配筋图

说明：1）未注明板厚度均为400mm，
　　　未注明处通长筋为双层双向Φ14@190。
　　　图中所示配筋为附加钢筋。
　　2）未注明柱墩均为ZD1，柱墩总厚度为750mm，配筋见详图。
　　3）底板混凝土等级为C35。
　　4）抗震等级四级。

柱墩号	$L \times B \times H$
ZD1	3000×2500×750
ZD2	3000×1800×750

图 3.1-20　地下室一层 400mm 厚底板，750mm 厚柱墩，大柱墩方案

④方案四：450mm 厚底板，700mm 厚柱墩，小柱墩（表 3.1-29、图 3.1-21）

方案四：450mm 厚底板，700mm 厚柱墩，小柱墩主要构件尺寸　　　表 3.1-29

板厚 450mm	
柱墩 ZD1	长度 2800mm× 宽度 2300mm× 高度 700mm
柱墩 ZD2	长度 2800mm× 宽度 1800mm× 高度 700mm

　　由表 3.1-30 地下室一层底板方案经济对比表可知，本项目地下一层底板采用方案一 400mm 厚底板 700mm 厚小柱墩方案最为经济，方案二 400mm 厚底板 700mm 厚大柱墩次之，方案三 400mm 厚底板 750mm 厚大柱墩再次之，方案四 450mm 厚底板 700mm 厚小柱墩经济性最差，方案一与方案四差异金额为 289 万元（建筑面积 75533m²），地下一层底板采用方案一。

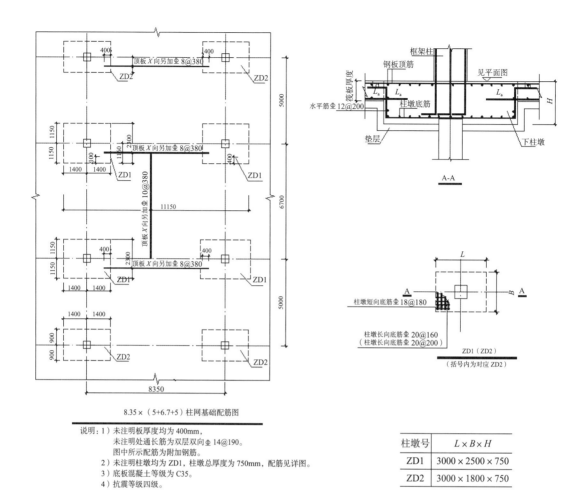

柱墩号	$L \times B \times H$
ZD1	3000 × 2500 × 750
ZD2	3000 × 1800 × 750

8.35 × （5+6.7+5）柱网基础配筋图

说明：1）未注明板厚度均为400mm，
　　　　未注明处通长筋为双层双向 Φ 14@190。
　　　　图中所示配筋为附加钢筋。
　　　2）未注明柱墩均为ZD1，柱墩总厚度为750mm，配筋见详图。
　　　3）底板混凝土等级为C35。
　　　4）抗震等级四级。

图 3.1–21　地下室一层 450mm 厚底板，700mm 厚柱墩，小柱墩方案

地下室一层底板方案经济对比表　　　　　　　　　　　　　　　表 3.1–30

方案	方案名称	钢筋		混凝土		小计
		含量 （kg/m²）	单价 （元/kg）	含量 （m³/m²）	单价 （元/m³）	（元/m²）
一	400mm 厚底板，700mm 厚柱墩，小柱墩	35.1	5.5	0.438	650	481
二	400mm 厚底板，700mm 厚柱墩，大柱墩	34.6	5.5	0.443	650	482
三	400mm 厚底板，750mm 厚柱墩，大柱墩	35.07	5.5	0.45	650	490
四	450mm 厚底板，700mm 厚柱墩，小柱墩	37.01	5.5	0.482	650	519

（7）地下二层底板经济性比选（人防荷载）

地下二层车库底板底标高大约在 –9.000m（黄海高程 –3.870m），根据地勘资料，地库地下二层基础底位于②₁淤泥质黏土夹粉砂层。

地下车库柱距为 8.35m×（5m+6.7m+5m），取标准跨建立结构模型计算并进行结构配筋图绘制及经济性测算分析。抗震等级为四级，底板混凝土强度等级为 C30，钢筋为 HRB400 级。根据建筑方案剖面图和地勘报告，抗浮水位为 −0.530m（黄海高程 −4.600m），地下室层高详见图 3.1-22。

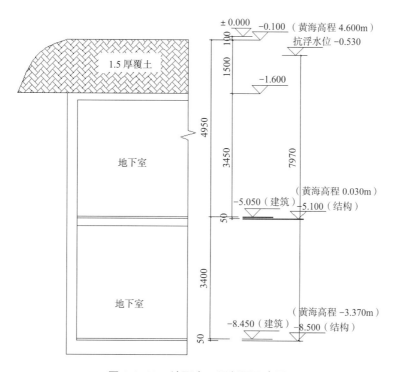

图 3.1–22　地下室二层剖面示意图

地下二层地库主要由抗浮控制，根据温州新规，二层地下室底板厚度最小做 500mm，故本次经济分析主要对以下三种结构方案进行对比：

方案一：500mm 厚底板，950mm 厚柱墩，小柱墩；

方案二：500mm 厚底板，950mm 厚柱墩，大柱墩；

方案三：550mm 厚底板，950mm 厚柱墩，大柱墩。

①方案一：500mm 厚底板，950mm 厚柱墩，小柱墩（表 3.1-31、图 3.1-23）

方案一：500mm 厚底板，950mm 厚柱墩，小柱墩主要构件尺寸　　　　表 3.1–31

板厚 500mm	
柱墩 ZD1	长度 3000mm× 宽度 2300mm× 高度 950mm
柱墩 ZD2	长度 3000mm× 宽度 1800mm× 高度 950mm

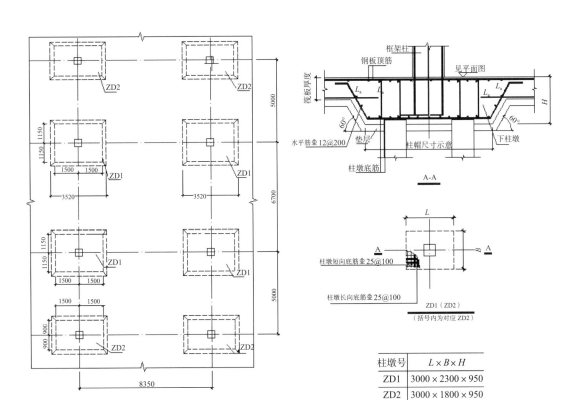

说明：1）未注明板厚度均为600mm。
　　　　配筋：板顶Φ18@200双向通长，板底Φ18@200双向通长。
　　　　图中所示配筋为附加钢筋。
　　　2）未注明柱墩均为ZD1，柱墩总厚度为950mm，配筋见详图。
　　　3）底板上下钢筋梅花形拉筋Φ6@400×400。
　　　4）底板混凝土等级为C30。
　　　5）抗震等级四级。

图3.1-23　地下室二层500mm厚底板，950mm厚柱墩，小柱墩方案

②方案二：500mm厚底板，950mm厚柱墩，大柱墩（表3.1-32、图3.1-24）

方案二：500mm厚底板，950mm厚柱墩，大柱墩主要构件尺寸　　　表3.1-32

板厚500mm	
柱墩ZD1	长度3000mm×宽度2400mm×高度950mm
柱墩ZD2	长度3000mm×宽度1800mm×高度950mm

③方案三：550mm厚底板，950mm厚柱墩，大柱墩（表3.1-33、图3.1-25）

方案三：550mm厚底板，950mm厚柱墩，大柱墩主要构件尺寸　　　表3.1-33

板厚550mm	
柱墩ZD1	长度3000mm×宽度2400mm×高度950mm
柱墩ZD2	长度3000mm×宽度1800mm×高度950mm

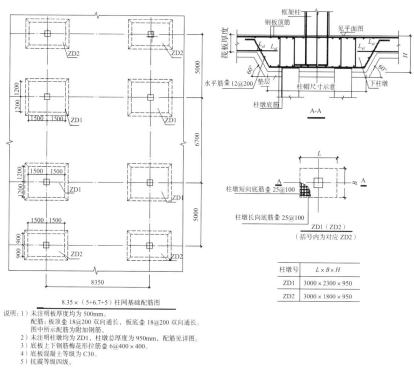

8.35×（5+6.7+5）柱网基础配筋图

说明：1）未注明板厚度均为500mm。
　　　　配筋：板顶 ⊕ 18@200 双向通长，板底 ⊕ 18@200 双向通长。
　　　　图中所示配筋为附加钢筋。
　　　2）未注明柱墩均为ZD1，柱墩总厚度为950mm，配筋见详图。
　　　3）底板上下钢筋梅花形拉筋 ⊕ 6@400×400。
　　　4）底板混凝土等级为C30。
　　　5）抗震等级四级。

图 3.1–24　地下室二层 500mm 厚底板，950mm 厚柱墩，大柱墩方案

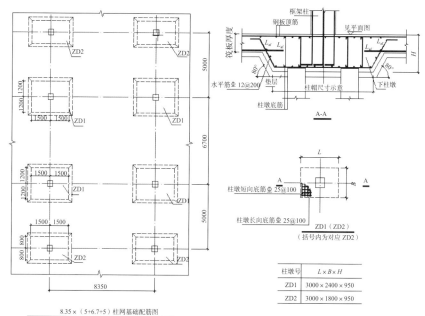

8.35×（5+6.7+5）柱网基础配筋图

说明：1）未注明板厚度均为550mm，
　　　　配筋：板顶 ⊕ 18@180 双向通长，板底 ⊕ 18@180 双向通长。
　　　　图中所示配筋为附加钢筋。
　　　2）未注明柱墩均为ZD1，柱墩总厚度为950mm，配筋见详图。
　　　3）底板上下钢筋梅花形拉筋 ⊕ 6@360×360。
　　　4）底板混凝土等级为C30。
　　　5）抗震等级四级。

图 3.1–25　地下室二层 550mm 厚底板，950mm 厚柱墩，大柱墩方案

由表 3.1-34 地下室二层底板方案经济对比情况可知，本项目地下室为标准柱跨，根据温州新规地下二层底板最小厚度 500mm，人防区底板通长筋按最小配筋率 0.25% 控制。采用方案一 500mm 厚底板 950mm 厚小柱墩方案最为经济，方案二 500mm 厚底板 950mm 厚大柱墩次之，方案三 550mm 厚底板 950mm 厚大柱墩较差。方案一与方案三差异金额为 136 万元（建筑面积 24507m²），故采用方案一。

地下室二层底板方案经济对比表　　　　　　　　　表 3.1-34

方案	方案名称	钢筋		混凝土		小计 （元/m²）
		含量 （kg/m²）	单价 （元/kg）	含量 （m³/m²）	单价 （元/m³）	
一	500mm 厚底板，950mm 厚柱墩，小柱墩	69.09	5.5	0.576	650	754
二	500mm 厚底板，950mm 厚柱墩，大柱墩	69.32	5.5	0.578	650	757
三	550mm 厚底板，950mm 厚柱墩，大柱墩	74.2	5.5	0.618	650	810

结构选型完成后，设计管理部要求设计单位按确定结构选型进行施工图设计，过程中让设计咨询单位实时跟进施工图落地情况并复核图纸准确性，待复核无误后设计管理部进行二次复核，图纸无误后上报施工图图审。

3）事后算量验证

在施工图设计过程中，成本管理部请设计管理部提供典型楼栋标准层结构及地下室结构典型柱跨的设计图纸，并进行成本测算。经测算后的结构含量经济性较好，因地下室典型柱跨具有不完整性的特性，验算结果与实际地下室结构含量存在偏差。

在完成施工图审查及内部图纸经济会审完成后，设计管理部把图纸提供给成本管理部，成本管理部安排造价咨询公司进行施工图预算，测算整个地下室结构含量均控制在限额范围内，地下室混凝土含量比限额低 0.04m³/m²，地下室钢筋含量比限额低 11kg/m²，选型优化后实际金额比结构设计限额降低 865 万元（表 3.1-35）。

优化后用量指标与限额指标对比表　　　　　　　　　表 3.1-35

项目	单位面积用量				综合单价（元）	降本金额（万元）
	单位	限额指标	实际指标	限额 - 实际		
混凝土	m³/m²	1.1	1.06	0.04	650	260
钢筋	kg/m²	115	104	11	5.5	605
优化金额小计						865

3. 经验教训总结

1）可以总结的经验

（1）管理上

①事前主动管理更容易达成限额设计目标。本案例中，设计管理部结合设计咨询公司建议通过前期设计任务书合理设定，在结构设计开始前确定地下室结构选型方案，并在设计过程中跟踪落地，减少结构设计师调整次数，有效保障了图纸质量。并在设计过程管控中协同成本管理部同事参与选型测算、典型楼栋测算，过程中有效对结构设计工作进行纠偏，从而达成较为理想的目标。

②设计咨询公司的选用对于项目控制成本起到了正面作用。选用优化公司在设计阶段全过程参与设计管理，有效补充了设计单位在设计经济性管理上的不足。

目前行业内设计咨询公司优化酬金按双方确认优化金额的 10%～15% 范围计取。因本项目设计咨询公司采用以双方确认的优化金额按比例收取咨询费用，打消了成本管理部的顾虑，减少了设计过程中的内耗，既控制住了目标成本，又加速了出图时间、提高了图纸质量。

（2）技术上

①一层地下室顶板选型在顶板厚度恒定的情况下，造价从低到高排序为：大板＜单次梁＜十字梁。

②二层地下室顶板人防荷载情况下结构选型在顶板厚度、相同柱帽厚度恒定的情况下，造价从低到高排序为：无梁楼盖＋柱帽＜无梁楼盖＋托板、柱帽＜大板＜单次梁。

③地下室底板在满足规范或当地规定的最小厚度要求基础上板厚越小，经济性越好，正常按规范/地标要求配置厚度，在底板厚度一致的情况下，柱墩越小，经济性越好。

④地下室柱网形式的选择根据城市等级、竞品情况、项目定位档次、营销要求及结构经济性整体考虑。柱网经济性比选需要结合基础形式整体考虑：

a. 采用天然浅基础时，小柱网经济性优势显著；

b. 使用预制桩作为桩基础时，小柱网经济性优于大柱网；

c. 使用灌注桩作为桩基础时，需要根据项目情况综合评判经济性。

2）可以改进的地方

（1）管理上

暂无。

（2）技术上

受力构件未对 HRB400 级和 RRB400 级钢筋进行经济性比选，钢筋等级区分方面未作优化。

【案例 3.2 】

哈尔滨某超高层综合体地下室结构层高优化

超高层塔楼项目配套的多层地下室工程在满足相关建筑使用要求的前提下选择合理的地下室层高，对整个工程的进度、造价意义重大。

地下结构层高优化除了可以有效降低结构成本以外，还有以下作用：

（1）可减小地下室外墙、人防墙体的计算跨度，减小地下室外墙的水土压力，从而减少地下室外墙与人防墙体的截面及配筋。

（2）可减小作用于地下结构的设计水头及净水浮力，降低抗拔桩、抗拔锚杆的费用。

（3）可降低基坑降水的数量及费用。

（4）缩短机动车、自行车坡道的长度。

（5）影响相关工程土方开挖、基坑支护成本费用。

（6）对相关施工期间措施费用及整体工期影响很大。

地下室结构设计优化的常见内容有：柱网结构比选；顶板、底板结构形式比选；合理控制上部荷载取值；结构层高优化等。本案例属于地下室结构层高优化，建设单位通过委托设计优化咨询单位，在发现设计图超目标成本后进行结果优化。在优化过程中，采取降低覆土厚度、优化顶板结构形式，有效降低层高 4.2m，优化后较原设计方案降低成本 13522 万元，优化率 30%，优化后的成本控制在目标成本范围内（表 3.2-1）。

优化前后对比简表   表 3.2-1

对比项		优化前	优化后	优化效果
地下三项总成本（万元）		44989	31467	减少 13522（30%）
其中	地下室结构	32798	22056	减少 10742（33%）
	土方	6215	5115	减少 1100（18%）
	基坑支护	5976	4296	减少 1680（28%）
地下室总层高（m）		22	17.8	减少 4.2（19%）

1. 基本情况

1）工程概况（表 3.2-2）

工程概况表

表 3.2-2

工程地点	黑龙江省哈尔滨市
开竣工时间	2019 年 3 月—2021 年 5 月
物业类型	城市综合体（商业、住宅、公寓、酒店、办公）
项目规模	总建筑面积 70 万 m²，其中：地下室 34 万 m²
基本参数	设计使用年限 50 年，基本雪压 0.45kN/m²，标准冻深 1.9m。 设计地震分组为一组，场地土类别为Ⅲ类，场地特征周期为 0.45s，抗震设防烈度为 7 度，设计基本地震加速度值为 0.10g，水平地震影响系数最大值 α_{max}=0.08。 人防地下室设防等级为核六常六，设置在地下四层（地下三层部分区块）车库
建筑高度	塔楼 T1 办公楼 149.6m，塔楼 T2 酒店 149.6m，塔楼 R1 ~ R4 住宅 99.6m，塔楼 S1 ~ S3 公寓 99.6m，裙房商业 12 ~ 16.5m
层高	L1（地上一层）6m，B1 层（地下一层）8m，B2 层 6m，B3 层 4m，B4 层 4m

2）限制条件

该项目属于城市综合体，包含商业、住宅、公寓、酒店、办公等业态，相比住宅项目，设计限制条件较为复杂。

2019 年 1 月，建设单位与深圳市同辰建筑设计咨询有限公司签订设计优化咨询合同，开展优化工作。

3）优化原因简述

原设计方案中地下室结构、基坑支护、土方三大项的成本超目标成本 9989 万元，超出比例 28.5%，需要进行设计方案优化。

2. 优化过程与结果

1）地下室原设计方案

分为结构设计方案、基坑支护设计方案，分述如下。

（1）原结构设计方案

根据建设单位要求，施工图设计单位出具了初稿方案，地下室顶板采用传统梁板结构形式，4 层地下室总层高 22m，接近于常规 5 层地下室的总层高。详见表 3.2-3。

地下室顶板结构方案汇总表 表 3.2-3

楼层号	顶板结构方案	主梁 $B \times h$（mm）	次梁 $B \times h$（mm）	楼板厚（mm）	备注（柱网 9m×9m）
负一层（B1）	十字梁	500×1200	400×900	250	覆土 2m
负二层（B2）	单向梁板	400×800	300×700	150	—
负三层（B3）	单向梁板	400×800	300×700	150	—
负四层（B4）	单向梁板	400×800	300×700	250	人防

层高组成分析：地下室层高＝顶板结构高度＋面层厚度（覆土厚度或细石混凝土面层）＋停车库净高＋设备管线相关高度，详见表 3.2-4。

地下室层高分析表 表 3.2-4

楼层号	顶板结构高度（mm）	面层厚度（mm）	停车库净高（mm）	设备管线高度（mm）	层高小计（mm）	备注
负一层（B1）	1200	覆土 2000	4000	800	8000	冻深 1.9m，地下商业
负二层（B2）	800	细石混凝土面层 100	4500	600	6000	酒店商业要求货车运输通行
负三层（B3）	800	细石混凝土面层 100	2500	600	4000	部分区块为人防
负四层（B4）	800	细石混凝土面层 100	2500	600	4000	部分区块为人防
地下室层高小计	3600	2300	13500	2600	22000	

（2）原基坑支护设计方案

基坑支护设计单位提供的基坑支护方案为：支护桩 ϕ1000mm@1200mm，C30 灌注桩，L=30m；4 道预应力锚索 ϕ150mm@1200mm，L=30m。4 层地下室属于深基坑，结构安全性要求更高，按此支护形式沿着地下室围护周长通长设置。

相应基坑支护典型剖面如图 3.2-1 所示。

2）原设计方案的成本分析

设计单位出具了结构设计方案图后，建设单位成本部立即组织造价咨询单位对地下室结构、土方、基坑支护进行了成本测算，测算结果详见表 3.2-5。

原设计方案成本估算 表 3.2-5

序	分项名称	单位	数量	单价（元）	合价（万元）	备注
1	支护桩	根	1200	31800	3816	直径 1000mm
2	预应力锚索	根	4800	4500	2160	直径 150mm

续表

序	分项名称	单位	数量	单价（元）	合价（万元）	备注
3	土方	m³	2143000	29	6215	开挖深度范围无地下水
4	地下室结构混凝土	m³	283000	600	16980	不含基础底板
5	地下室钢筋	吨	28760	5500	15818	不含基础底板
	成本合计	万元		44989		不含模板
面积指标	单方成本	元/m²		1312		地下室面积342850m²
	混凝土含量	m³/m²		0.825		
	钢筋含量	kg/m²		83.87		

由表 3.2-5 可知，根据原设计方案，地下室结构、基坑支护、土方测算费用合计为 44989 万元，对应的目标成本为 35000 万元，超目标成本 9989 万元，超出比例 28.5%，需要进行设计方案优化。

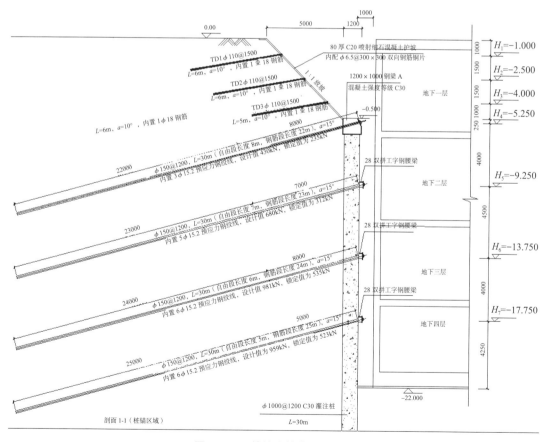

图 3.2-1　基坑支护典型剖面图

3）优化过程

（1）不合理设计分析

针对地下室结构方案超目标成本的情况，建设单位成本部组织设计部、设计单位、设计咨询公司、机电顾问公司等参建方召开专题会议。各方人员对原设计方案进行了详细分析，发现存在不合理的设计，使得地下室各层的层高偏高，导致了成本过高。不合理的设计项主要有：

①覆土厚度取值不合理

经查询相关规范，当地标准冻深为 1.9m，设计单位提供的设计条件顶板覆土厚度为 2m，按室外埋管走线考虑，经复核即便按覆土 2m 埋深设计，仍然不能满足室外埋管走线要求（水暖管线），仍需要从室内走管，未达到原来的设计预想。同时，当地政策和规范中，并未要求绿地及景观种植覆土厚度达到 2m。故原设计覆土厚度的取值不合理。

②地下室结构方案选型不合理

原设计方案选用的均为传统梁板方案，没有考虑经济性好的加腋大板 / 无梁楼盖等方案，未进行多方案的经济性对比分析，此项影响结构层高较多。

③地下二层净高选择不合理

原设计方案按大型货车进入地下二层考虑，净高要求达到 4.5m，导致地下室层高设计极不合理，增加结构成本的同时也大量增加了相应土方开挖及基坑支护费用。

（2）优化方案实施条件确认

针对上述不合理项，会上经各方充分讨论，原设计方案优化的技术条件确认如下：

①地库结构顶板标高不需要满足标准冻深以下的要求，满足绿地及景观种植土厚度要求即可。经查阅相关规定文件，当地对景观种植土厚度没有特殊要求，当地常用覆土厚度在 1 ~ 1.5m。

②地库顶板结构方案除传统的梁板方案外，还应考虑当地已成熟实施的加腋大板 / 无梁楼盖结构方案，可根据经济性对比结果选用。

③进入地下二层的货车，可按常规小货车通行做法考虑。

（3）优化后的结构方案

①当地常用覆土厚度在 1 ~ 1.5m，本项目地库顶板覆土厚度由 2m 调整为 1.2m。

②地库顶板结构方案，经造价测算并结合现场施工等条件，确定地下室一层顶板由梁板方案调整为加腋大板方案，地下室二到四层顶板梁板方案调整为无梁楼盖，调整后的方案具有明显的经济性优势及更高的建筑使用品质。详见表 3.2-6。

③经计算负二层车库只考虑小货车通行，净高由 4.5m 调整为 2.7m（表 3.2-7、表 3.2-8）。

④柱网 9m×9m 等其他设计条件不变。

优化后地下室顶板结构方案汇总表　　表 3.2-6

楼层号	顶板结构方案	主梁 $B \times h$（mm）	加腋尺寸 $h \times b$（mm）	楼板厚（mm）	备注（柱网 9×9m）
负一层（B1）	加腋大板	450×800	300×1800	250	覆土 1.2m
负二层（B2）	无梁楼盖	—	—	300	—
负三层（B3）	无梁楼盖	—	—	300	—
负四层（B4）	无梁楼盖	—	—	300	（人防核六）

优化后地下室层高分析表　　表 3.2-7

楼层号	顶板结构高度（mm）	面层厚度（mm）	停车库净高（mm）	设备管线高度（mm）	层高（mm）	备注
负一层（B1）	800	覆土 1200	4000	800	6800	地下商业
负二层（B2）	300	细石混凝土面层 100	2700	600	3800	预留 100mm 安装高度
负三层（B3）	300	细石混凝土面层 100	2500	600	3600	
负四层（B4）	300	细石混凝土面层 100	2500	600	3600	
总层高	1700	1500	11700	2600	17800	

优化前后地下室层高对比表　　表 3.2-8

楼层号	顶板结构高度（mm）		面层厚度（mm）		停车库净高（mm）		设备管线相关高度（mm）		层高（mm）		
	优化前	优化后	优化前	优化后	优化前	优化后	优化前	优化后	优化前	优化后	优化层高
负一层（B1）	1200	800	覆土 2000	覆土 1200	4000	4000	800	800	8000	6800	1200
负二层（B2）	800	300	100	100	4500	2700	600	600	6000	3800	2200
负三层（B3）	800	300	100	100	2500	2500	600	600	4000	3600	400
负四层（B4）	800	300	100	100	2500	2500	600	600	4000	3600	400
总层高	3600	1700	2300	1500	13500	11700	2600	2600	22000	17800	4200

从表 3.2-7、表 3.2-8 可看出，因顶板结构高度、覆土厚度、车库净高优化，使优化后的地下室总层高明显低于原方案，地下室总层高比原方案降低 4.2m。

（4）优化后基坑支护方案

因地下室总层高降低 4.2m，支护设计单位相应优化了基坑支护设计方案，支护设计单位提供的优化后基坑支护方案为：支护桩 ϕ 900mm@1200mm，C30 灌注桩，L=27m；3 道预应力锚索 ϕ 150mm@1200mm，L=30m。

相应支护剖面图如图 3.2-2 所示。

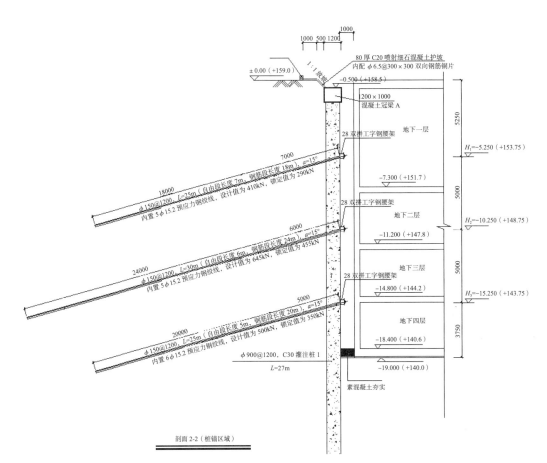

图 3.2-2　典型支护剖面图（优化后）

优化前后基坑支护形式对比详见表 3.2-9。

优化前后基坑支护形式对比表　　　　　　　　　　　　　　　　　　表 3.2-9

名称	优化前	优化后	差异
灌注桩桩径	1000mm	900mm	减少 100mm
灌注桩桩长	30m	27m	减少 3m
预应力锚索	4 道	3 道	减少 1 道

（5）优化后的造价分析

优化后地下室结构、土方、基坑支护测算费用共约 31467 万元，详见表 3.2-10。

优化后成本测算表　　　　　　　　　　　　　　　　　　表 3.2-10

序	分项名称	单位	数量	单价（元）	合价（万元）	备注
1	支护桩	根	1200	22300	2676	桩径与桩长导致工程量变化
2	预应力锚索	根	3600	4500	1620	锚索数量差异

续表

序	分项名称	单位	数量	单价（元）	合价（万元）	备注
3	土方	m³	1764000	29	5115	总层高降低 4.2m，工程量变化
4	地下室结构混凝土	m³	196000	600	11760	不含基础底板
5	地下室钢筋	t	18720	5500	10296	不含基础底板
	成本合计	万元	—	—	31467	
面积指标	单方成本	元 /m²	918			
	混凝土含量	m³/m²	0.572			
	钢筋含量	kg/m²	54.67			

4）优化结果

优化后，除二层地下室按小货车净高要求调整外，其余三层地下室各层净高与原设计保持一致，各层建筑功能使用舒适度一致，总层高进行合理压缩，且优化后工期有效缩短。优化后较原设计方案降低成本 13522 万元，优化率 30.1%，优化后成本控制在目标成本范围内。优化前后相关数据对比详见表 3.2-11、表 3.2-12，成本降低主要来源于结构含量降低。

优化前后结构含量对比表　　　　　　　　　表 3.2-11

对比项	优化前	优化后	优化效果
地下室混凝土含量（m³/m²）（不含基础底板）	0.825	0.572	减少 0.253（31%）
地下室钢筋含量（kg/m²）（不含基础底板）	83.87	54.67	减少 29.2（35%）

优化前后造价对比表　　　　　　　　　表 3.2-12

对比项	优化前	优化后	优化效果
地下室总层高（m）	22	17.8	减少 4.2（19%）
地下室结构（万元）	32798	22056	减少 10742（33%）
土方费用（万元）	6215	5115	减少 1100（18%）
基坑支护费用（万元）	5976	4296	减少 1680（28%）
合计（万元）	44.989	31467	减少 13522（30%）

5）优化落地

设计单位根据会议决策事项调整图纸，建设单位设计部跟踪落地，图纸送审后顺利通过图审并施工落地。

3. 经验教训总结

1）可以总结的经验

（1）管理上

①成本部主动参与成本控制，通过成本测算，发现方案设计超目标成本后，及时组织各方召开专项会议，分析、识别不合理的设计项目。

②针对不合理的设计，查询相关的规范、资料，对标当地成熟的结构方案，为优化实施确立了条件。

（2）技术上

①通过查询相关规定及当地要求，调整了覆土厚度，降低了层高。

②重视方案选型，选用当地已成熟的无梁楼盖／加腋大板结构方案，大幅度降低了层高。

③遵循成本适配原则，地下室二层按常规小货车通行设计，净高降低了 1.8m。

④单层地下室或多层地下室的首层顶板采用无梁楼盖，存在坍塌的风险，须谨慎使用。存在多层地下室情况下，除首层外的地下室顶板宜采用无梁楼盖。因无梁楼盖只有板厚，在净高控制上有较大优势，采用无梁楼盖结构含量比传统梁板形式大幅下降，从而降低结构成本，且无倾覆性风险。因其经济实用，应用较为广泛。

2）可以改进的地方

（1）管理上

方案设计阶段未要求设计单位提供结构形式选型，导致设计阶段方案经济性差，在调整结构形式上花了不少时间。

（2）技术上

本次优化主要通过层高的合理优化，达到控制成本的目标，但未结合底板结构与桩基础的选型，未做到尽善尽美。

第 4 章

地上结构工程

本章/摘要

地上结构工程是指在建筑物正负零以上的结构，常用结构形式包括框架结构、剪力墙结构、框剪结构、框筒结构等。

地上结构工程的特点有：结构形式影响户内空间的灵活性，住宅项目的结构形式还影响客户购买意愿，如我国住宅对框架结构较谨慎；地上结构设计的标准化程度相对高，甚至可以进行模块化设计；地上结构的成本是严格控制的对象。

地上结构设计优化一般是以不影响结构安全、不降低产品品质为前提，以减小无效的结构成本为目标。一般主要有以下 3 类：①合理选择结构类型；②控制荷载取值；③精细化设计。按介入设计阶段的时间点，结构设计优化可分为过程优化、结果优化。

【案例 4.1】列举的是廊坊某酒店式公寓上部结构设计优化案例，该案例的特点是设计周期短，施工图分楼栋设计并审查，建筑设计条件不齐全，结构设计出图的效率、图纸的质量与经济性矛盾突显。为配合销售要求，按运营时间节点经历了两次优化过程，第一次委托第三方优化，第二次由甲方自行优化。两次优化共降低成本 2509 万元，降低率 10%。

【案例 4.2】列举的是长沙某超高层公寓式办公楼上部结构优化案例，该案例的特点是属于委托第三方进行的全过程设计优化。整个优化过程分为方案设计、初步设计、施工图设计三个阶段。通过全过程设计管理，实现了限额设计目标，且在限额设计指标的基础上降低成本 973 万元，降低率 11%。

【案例 4.1】

廊坊某酒店式公寓上部结构设计优化

近年来，房地产行业步入寒冬时期，企业生存压力剧增。传统营利模式难以适应日趋激烈的市场竞争，如何利用有限资源创造最大效益是摆在每个管理者桌前的任务。设计优化，是实现降本增效的有效手段之一。

结构设计优化作为设计优化的主要专业，是在不影响结构安全且不降低产品品质的前提下，通过积极化的技术设计手段，以减少无效的结构成本、降低客户不敏感的结构性成本为目标，达到最大的投入产出比。按介入设计阶段的时间点，结构设计优化可分为过程优化、结果优化。各有特点、各有成效，也各有不同的管理要求。本案例属于结果优化。

本案例通过分析项目特点，抓住在不同时期的主要矛盾，综合对比了不同阶段的"开发效率"及"成本经济"。在前期选择开发效率，在后期达到预售节点后，选择成本经济的思路，采用分阶段优化的方式，统筹"技术"与"管理"，达到较为理想的效果（表 4.1-1）。

优化前后技术经济指标对比表　　　　　　　　　　　　　　表 4.1-1

对比项	优化前	优化后	优化效果
地上结构造价（万元）	25934	23425	减少 2509（10%）
地上结构成本（元 /m²）	987	885	减少 102（10%）
钢筋（kg/m²）	73.5	63.69	减少 9.81（13%）
混凝土（m³/m²）	0.45	0.38	减少 0.07（16%）
模板（m²/m²）	3.2	2.93	减少 0.27（8%）

1. 基本情况

1）工程概况

本案例项目用地整体呈狭长状，南北长约 425m，东西宽约 215m，规划总用地面积约 87600m²，用地属性为商业办公用地。详见表 4.1-2、表 4.1-3。

工程概况表　　　　　　　　　　　　　　表 4.1-2

工程地点	河北省廊坊市
开竣工时间	一期 2019 年 9 月—2022 年 6 月
物业类型	6 栋高层公寓、车库及配套商业
项目规模	339820m²，其中：地上 262795m²，地下 77025m²
层数	1、2 号楼：地上 25 层，地下 1 层；层高 3m；建筑高度 75.5m
	3～6 号楼：地上 20 层，地下 1 层；层高 3.9m；建筑高度 78.5m
基础形式	整体式筏板基础
结构形式	剪力墙结构

地震设计参数　　　　　　　　　　　　　　表 4.1-3

设计使用年限	50 年
抗震设防烈度	8 度
设计基本地震加速度	0.3g
设计地震分组	第二组
建筑场地类别	Ⅲ类
场地特征周期	0.55s

2）单体概况

本工程共计 8 个单体，其中 1～6 号为公寓，7、8 号为配套用房。本案例介绍的是 1～6 号楼的优化过程，典型平面如图 4.1-1 所示、典型立面如图 4.1-2 所示。建筑平面布置较为规则，采用酒店式布置方式。单体概况见表 4.1-4。

单体概况表　　　　　　　　　　　　　　表 4.1-4

楼号	1、2 号	3～6 号
典型房间平面尺寸	3.6m×9.9m，3.6m×8.1m	3.6m×6.5m，3.6m×8.8m
层高	3m	3.9～4.2m，均为 loft 夹层
层数	地上 25 层，地下 1 层	地上 20 层，地下 1 层；地上 19 层，地下 1 层
建筑高度	75.5m	78.5m

3）限制条件

该项目为商业办公地块，为适应市场需求，采用了酒店式公寓的销售模式，预售条件为"完成地面以上三分之一层数"。根据项目开发节奏，拟先行施工 1、2 号楼，其他单体暂缓施工，视前期销售情况再确定后续施工楼栋。

为抓销售市场的窗口期，从摘地到开盘之间的时间尽可能地短，工期要求非常紧，给设计工作的净周期也远低于实际需求，给设计工作造成了很大的困扰（表 4.1-5）。加之项目本身的复杂性，项目所在地的抗震设防烈度高等综合因素，导致本项目土建成本较高。

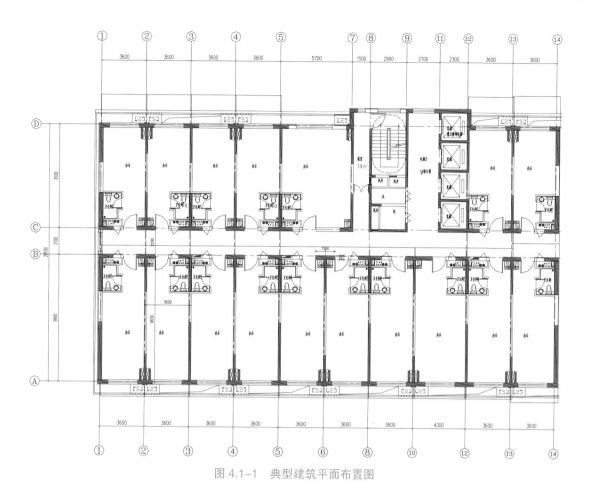

图 4.1-1　典型建筑平面布置图

图 4.1-2　局部典型立面图

作者在建设单位担任设计负责人。

设计优化时间表 表 4.1-5

项目名称	时间节点	备注
设计出图时间	2019 年 8 月	
一次优化时间	2019 年 8 月	第三方优化
现场进度时间	2019 年 9 月	
二次优化	2020 年 5 月	建设单位推进优化

4）优化原因

地上主体结构目标成本 24217 万元，在该项目施工图出具后，成本初步测算金额 25934 万元，地上主体结构成本超出目标成本 1717 万元（表 4.1-6）。

限额目标值与施工图经济指标对比表 表 4.1-6

项目名称	限额目标	施工图算量结果	差异
地上结构成本（万元）	24217	25934	超 1717
地上结构单方成本（元 /m²）	922	987	超 65
钢筋（kg/m²）	70	73.5	超 3.5
混凝土（m³/m²）	0.39	0.45	超 0.06
模板（m²/m²）	3.1	3.2	超 0.1

2. 优化过程

本案例经历了两次优化过程。

第一次是在施工的送审图纸出具后，成本部以标准层为计算单元，初步测算发现，土建成本超出限额较多，进行了第一次的优化工作。因项目处于施工图报审阶段，设计未提供计算模型，仅从报审图中对图纸进行审查。

第二次是在施工图出具后，现场达到了预售节点，根据现场开发节奏，在不影响现场进度情况下，对未施工的部分进行了第二次优化。

两次优化后，地上结构成本较原设计降低 2509 万元（降低 10%），较限额设计目标降低 772 万元（降低 3.2%），详见表 4.1-7。

两次优化效果明细表 表 4.1-7

项目名称	限额设计	原设计	原设计超出限值	一次优化降低	二次优化降低	两次优化合计降低
地上结构成本（万元）	24217	25934	1717	1089	1420	2509
地上结构单方成本（元 /m²）	922	989	65	41	60	102

项目名称	限额设计	原设计	原设计超出限值	一次优化降低	二次优化降低	两次优化合计降低
钢筋（kg/m²）	70	73.5	3.50	3.42	6.39	9.81
混凝土（m³/m²）	0.39	0.45	0.06	0.03	0.04	0.07
模板（m³/m²）	3.1	3.2	0.10	0.06	0.21	0.27

1）第一次优化过程

第一次优化主要委托第三方优化单位完成。

据了解，设计周期非常短，为满足现场施工的图纸要求，尽快达到预售节点，施工图甚至是分楼栋进行审查的。建筑设计的条件都不齐全，由于结构设计以建筑设计的完成为前提，存在接受条件最迟但要求出图最早、先用于施工的特点，结构设计师的工作强度和难度在客观上成倍增加。在这种情况之下，结构设计出图的效率、图纸的质量与经济性矛盾突显。而第三方优化单位的介入也加剧了设计单位的抗性，优化工作基本无法有效展开，故建设单位最终选择了出图效率优先，放弃了优化降本，以取得项目开发的整体效益的最大化。

在施工图出具后，成本初步测算发现，土建成本超出限额较多。因项目处于施工图报审阶段，设计未提供计算模型，仅从报审图中对图纸进行了审查。审查发现需要优化的内容如下：

报审图审查发现的需优化内容

1）荷载

（1）减少上部结构楼板荷载，荷载从商业的 $3.5kN/m^2$ 降低到办公楼的 $2kN/m^2$。

（2）减少上部结构隔墙荷载，荷载计算时扣除梁高或板厚。砌体材料依据建筑图纸要求选用加气混凝土砌块。

（3）地下室顶板施工活荷载取值 $10kN/m^2$ 超过最低值太多，一般按不小于 $5kN/m^2$ 选取。

2）结构布置

（1）整体 Y 向墙体偏多，X 向墙体偏少，结构不均匀。

（2）X 向外侧连梁高度偏高，Y 向连梁普遍偏高。

3）构件配筋

（1）柱截面尺寸和配筋可减小归并系数，适当优化。

（2）框架柱内部小箍均可用拉筋代替；暗柱配筋图中的套箍可改为拉筋。

（3）地库顶板梁下部纵筋第二排钢筋可不伸入支座，具体做法见图集。

4）基础

（1）人防区基础形式为独立基础＋防水板，非人防区基础形式为平板式筏板基础，为统一做法，建议统一采用经济性更好的独立基础＋防水板设计。

（2）基础筏板外墙边挑出400mm，建议基础与挡墙外平齐，减少土方开挖，且防水板下部钢筋可弯折作为挡墙附加筋。

2）第一次优化结果

在缺少计算模型的情况下，上述优化措施多为定性判断。考虑当时项目处于施工图报审阶段，经与设计单位沟通，同意结合施工图审查意见，一并落实到正式的施工图中（表4.1-8、表4.1-9）。

第一次优化后经济指标对比表　　　　表4.1-8

项目名称	原施工图	一次优化后	差值	优化建面单方指标（元/m²）
钢筋（kg/m²）	73.5	70.08	3.42	19.77
混凝土（m³/m²）	0.45	0.42	0.03	16.19
模板（m³/m²）	3.2	3.14	0.06	5.48
合计	—	—	—	41.44

第一次设计优化费用表　　　　表4.1-9

项目名称	建筑面积（m²）	第一次优化	
		降低建面单方指标（元/m²）	降低成本（万元）
1～6号楼	262795	41.44	1089

虽第一次优化后降低成本1089万元，但仍超目标成本约627万元。因当时正值销售市场的窗口期，经公司决策层共同讨论决定，确定根据项目开发节奏，1、2号楼先行施工，全力抢预售的形象进度节点，同时设计优化进一步深入进行。

3）第二次优化过程

在1、2号楼达到预售节点后，公司根据销售情况，经多部门联合商讨，认为在1、2号楼去化的同时，结合客户提出的关注点，可以对该项目的土建成本进行仔细分析，对所有未施工楼栋均进行结构复核优化。

　　总包单位在施工中也发现，因钢筋较密、混凝土强度等级较高，双连梁等部位的混凝土浇筑施工十分困难，总包单位也有优化设计的诉求。经双方友好协商，可以按照优化后图纸调整合同额，但需要尽量解决施工痛点。同步与图审单位沟通，确认优化后的图纸需要说明修改的内容，并重新进行审查，可以用于施工。至此第二次优化工作重新提上日程。

　　（1）结构特点分析

　　从场地、项目及单体着手，综合细致地分析该项目特点，从典型结构平面布置（图 4.1-1）可以看出：

　　①单体的 Y 向多为分户隔墙，剪力墙的布置几乎不受限制，Y 向可形成剪力墙结构。X 向 Ⓐ 轴、Ⓓ 轴因位处大开窗部位，Ⓑ 轴、Ⓒ 轴因中间走廊为设备管线入户部位，对 X 向墙体布置影响很大，剪力墙长受限，形成了类似壁式框架的受力特点。典型的 X 向、Y 向的结构体系不匹配。

　　②本项目所在场地的建筑抗震设防要求较高，抗震设防烈度为 8 度（$0.3g$），叠加建筑场地类别为 Ⅲ 类，特征周期值为 0.55s，抗震设防要求比较高。对单体建筑，1、2 号楼层高 3m，层数 25m，建筑高度 75.5m；3 ~ 6 号楼层高 3.9 ~ 4.2m，层数 19 ~ 20m，建筑高度 78.5m，均接近剪力墙结构的 A 级最大适用高度（80m）。需特别说明的是，3 ~ 6 号楼为 Loft 形式，中间夹层部位需额外增加一层夹层荷载，该荷载的叠加导致 3 ~ 6 号楼的地震反应明显放大。

　　综合上述不利因素，结构工程师在进行计算时发现，X 向虽跨数多，但结构刚度较弱，指标难以满足规范要求。经多次调整后，通过增加 Y 向墙体（X 向利用了 Y 向墙的面外刚度），并加大 X 向连梁高度，使得指标刚刚满足要求，典型结构平面布置如图 4.1-3 所示。

　　从典型结构平面布置图 4.1-3 可以看出：

　　① Y 向剪力墙比较多，仅中间留了 2.4m 左右的洞口；且 Y 向连梁高度 2000mm。

　　② X 向剪力墙不足，剪力墙适当加厚至 250 ~ 300mm，X 向 Ⓐ 轴、Ⓓ 轴靠室外的部位连梁高度 1.5m，如图 4.1-2 所示，连梁从上一层窗户底到本层窗户顶用足梁高。

　　③ X 向走廊部位的 Ⓑ 轴、Ⓒ 轴梁高 700mm。

　　④ Y 向走廊部位梁高 700mm。

　　（2）结构优化方向

　　从概念设计角度出发，本工程的优化思路如下：

　　①竖向交通盒的核心筒剪力墙布置过多，导致整体结构中间刚度大，对结构抗扭转不利，适当减少竖向交通盒的剪力墙数量。

　　② X 向 Ⓑ 轴、Ⓒ 轴梁高从 700mm 降低为 400mm，进一步弱化中间刚度。还能方便管线入户，提高走廊净高（图 4.1-4）。

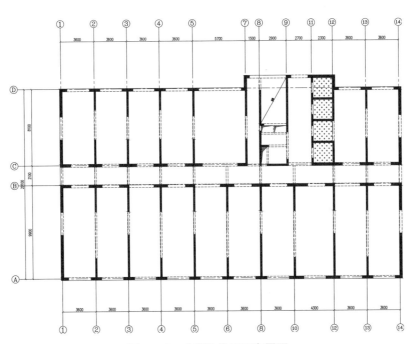

图 4.1-3　典型结构平面布置图

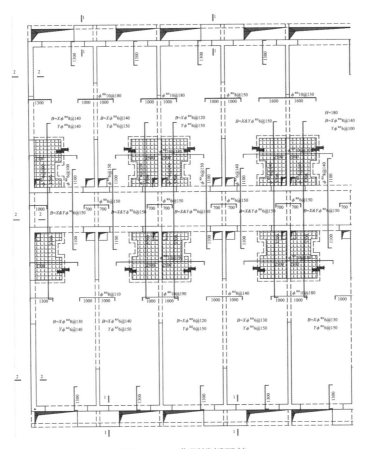

图 4.1-4　典型楼板配筋

③Y向Ⓑ轴、Ⓒ轴之间的走廊部位梁高度降低到 400mm，考虑管线后，仍有 2.2m 的净高，提高了整体舒适度。

④经复核计算，X向Ⓐ轴、Ⓓ轴连梁高度过高，导致超筋现象严重，设计采取了双连梁配筋方案，上下两根连梁的配筋均比较大，进一步增大了用钢量。将其适当降低到 900 ~ 1100mm，并采用单连梁方案，仅该项优化的钢筋就比较可观。

⑤Y向剪力墙已超出了 Y 向抗侧刚度需求，连梁高度从 2000mm 降低到 600 ~ 700mm，计算仍能满足要求。

⑥中间部位的 Y 向墙体适当减少、减短，以达到减小中间刚度的目的，四周墙体不变，且 Y 向外侧连梁适当加高，保证整体结构扭转位移比满足要求。

⑦从图 4.1-3 可以看出，楼板连续性非常好，厚板厚度从 120mm 降低到 110mm，减轻结构的荷载，减小地震反应。走廊部位楼板跨度 1.9m，厚度降低到 100mm，遇管线密集，楼板厚度不减。

⑧混凝土强度等级适当降低，不因单个构件就提高整层的混凝土强度，宁可适当地增加墙厚。

⑨卫生间部位楼板降板，楼板配筋通长布置，经与建设方讨论，取消了楼板的降板，楼板配筋可以较大幅度地降低。同时，按河北省地标，楼板采用了 CRB600H 钢筋，进一步降低造价。

4）二次优化结果

经与设计院沟通，将计算模型进行了反复试算及调整，使得上述优化方案均得以落地，并配合出具了相应的修改图纸。

联动成本、造价等部门，对图纸进行复核，为公平起见，成本仅复核工程量，单价以合同价为准。

以 1、2 号楼标准层为例，具体数额如表 4.1-10、表 4.1-11 所示。

二次设计优化结果（1、2 号楼） 表 4.1-10

优化内容	单位	优化指标	合同单价（元）	优化单方金额（元 /m²）
钢筋	kg/m²	6.386	5.78	36.91
混凝土	m³/m²	0.042	599.5	25.18
模板	m²/m²	0.21	91.33	19.18
砌体增加	m³/m²	−0.02	796	−15.92
窗台圈梁增加	m³/m²	−0.0055	918.18	−5.05
合计				60.3

二次设计优化总成本 表 4.1-11

项目名称	建筑面积（m²）	二次优化面积（m²）	单方优化（元/m²）	可优化（万元）	实际优化（万元）	备注
1、2 号楼	81732	54488	60.3	492.84	328	8 层以下已施工完毕，8 层以上可实施优化
3 ~ 6 号楼	181063	181063	60.3	1092	1092	尚未施工
合计	262795	235551	60.3	1585	1420	

1、2 号楼二次可优化金额为 492.84 万元，因 8 层以下已施工，8 层以上部位的实际可优化金额为 328 万元。3 ~ 6 号楼为 Loft 公寓，因荷载较大，且未施工，优化金额更为可观，经综合分析，项目上部结构优化金额为 1420 万元。

5）结构设计优化除降低无效成本以外，还带来了产品力提升

深入研究建筑平面布置，在结构设计优化的同时，往往还能带来意外的"惊喜"，助力产品力的提升，增加销售的卖点。本工程在截面优化后产生的 2 个"连锁"效应。

（1）以端跨为例，如图 4.1-5 所示，②轴剪力墙适当变短，②轴梁高从 2000mm 降低到 700mm 后，还能实现两户变一户，为项目的销售多提供了一种方式。可以满足部分客户群体将两户合并为一户的需求。

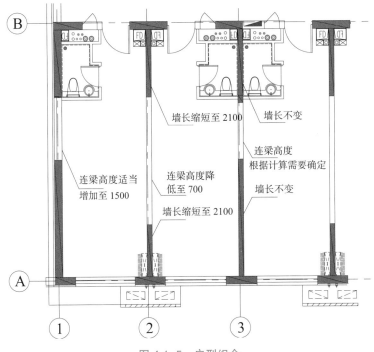

图 4.1-5 户型组合

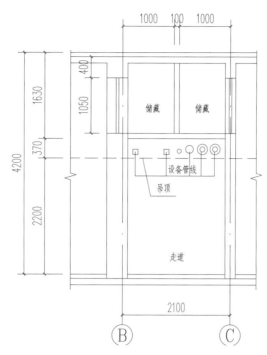

图 4.1-6　走廊剖面图（小储藏间赠送）

（2）对于 3～6 号楼而言，业主在中间增设夹层后，走廊部位进行适当的预留，可以额外赠送一个小储藏间，如图 4.1-6 所示。但其成立的前提是：X 向 Ⓑ 轴、Ⓒ 轴梁高从 700mm 降低为 400mm。当这部分梁高为 700mm 时，底部的人能进入的空间只有 0.3m，是无法进入的。对于 4.2m 层高，底部空洞能到 1.05m 高，可用性大幅提高。

3. 经验教训总结

1）本案例中可以总结的经验

（1）管理上

①当设计周期明显不合理时，建设单位结构工程师的综合管理能力尤其重要。因设计周期被压缩至不合理状态，此时的设计出图效率、图纸质量与经济性往往难以兼得。如果选择出图效率优先，那么就可能牺牲对图纸质量和经济性的有效控制。如果遇到复杂项目，还存在进一步失控的风险，作为设计管理者需要对设计周期不合理状态下的风险及早预防和管控。遇到类似项目，设计管理者需要敏感地意识到问题所在，应及早介入设计全过程，严格把控图纸质量。

②当结构优化可能影响重大工期节点时，可以结合项目开发进度合理分次实施优化设计。在本案例中，将结构优化设计工作进行拆分，使得拆分后的优化工作与现场进度节点相匹配。第一次优化是在施工图出具后的审查阶段，相当于与图审的周期是并行的，设计

单位能结合图审意见一并落实设计修改。第二次优化是在不影响销售和开发节奏的前提下，对结构计算模型、图纸进行深入细致的分析，最大程度地降低无效成本。

（2）技术上

对于酒店式公寓这类业态的结构优化可以总结为：

①酒店式公寓结构体系的选择要注意差异性。因酒店式公寓较为独特的建筑平面布置方式，一个方向（本工程的 Y 向）的剪力墙布置几乎不受限制，而另一个方向（本工程的 X 向）的剪力墙布置几乎处处受限，形成了类似壁式框架的受力特点。在结构概念设计时，需特别注意，避免少墙方向过多"借用"多墙方向的刚度，导致低效率、高成本。

②走廊区域的梁高需要仔细斟酌，与建筑专业良性互动。为了建筑功能最优化，需要在结构设计上采取措施适当降低梁高，哪怕增加一点造价。降低梁高后，至少有两大好处：一是净高增加后能有效地提高走廊使用舒适性；二是经过合理的调整，走廊部位还能额外利用，增加卖点。

③在结构设计时需考虑后期改造需要。酒店式公寓往往因为层高较高，交付后业主会额外增加夹层以提高面积使用效率，在结构设计时需考虑这部分荷载，避免后期改造过程成本超支。结构布置时，墙的位置、梁的高度都需谨慎考虑，以适应后期改造的需求。

④结构概念设计阶段，需特别关注地震动参数及场地类别。当地震烈度在8度及以上、场地类别为Ⅲ或Ⅳ类土、建筑高度接近最大适用高度等诸多不利因素交织到一起的时候，结构的成本往往很难控制。良好的沟通，与建筑专业形成良好互动是结构优化的"润滑剂"，适当的、可以接受的在建筑设计上的"小牺牲"能有效地降低无效成本。

2）本案例中可以改进的地方

（1）管理上

①成本控制宜尽早介入。本案例在上部结构优化过程中，发现有诸多成本浪费的地方，但因抢预售节点、总包单位已经招标确定且现场已经开工等各种条件限制下而无法实施优化方案。成本控制工作宜尽早介入，越是在项目前期，对成本的控制力度越要加大。在施工图设计结束后，甚至在施工阶段再对设计图纸进行优化，对成本控制的效果往往微乎其微，且极难沟通，优化方案落地的阻力较大，代价较高。

②设计管理宜选择合适时机提出审图及优化建议。该阶段越早，优化成果也就越显著，建议在方案阶段即主动进行结构优化，能达到事半功倍的效果。但若因为客观原因无法在前期开展工作时，也不要放弃，即便在施工图阶段，进行结构优化也能收到一定的经济效益。在降低无效的、浪费的土建成本的同时，提高结构的整体安全度，达到降本增效的目的。

③与设计院的合作应贯彻"双赢"的指导思想。设计优化工作的关键问题不在于能不能提出有价值的优化方案，而是如何避免"拿意见容易、落实难"的尴尬。解决问题

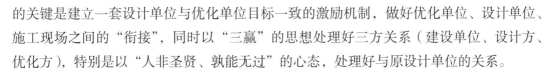

的关键是建立一套设计单位与优化单位目标一致的激励机制，做好优化单位、设计单位、施工现场之间的"衔接"，同时以"三赢"的思想处理好三方关系（建设单位、设计方、优化方），特别是以"人非圣贤、孰能无过"的心态，处理好与原设计单位的关系。

（2）技术上

①虽然各单位都有自己的设计限额指标，考虑结构设计得有一定的地域性，但是地方公司的成本管理部、设计管理部应该在此基础上，建立管辖范围的限额指标，做到精准管控。

②在设计开始前，制定《结构设计统一技术措施》《结构设计总说明》《结构构件的标准构造做法》《建筑做法》等前置技术标准，作为附件在《设计任务书》中进行约定，并在使用过程中不断地完善，这些前置条件从设计前端进行把控，起到事半功倍的效果。

【案例 4.2】

长沙某超高层公寓式办公楼上部结构优化

按现行规定，建筑高度超过 100m 时，不论住宅及公共建筑均为超高层建筑。超高层建筑的结构设计往往受到多方面因素制约，设计院结构设计师在设计各阶段对于经济性的考虑不足，可能导致结构成本偏离合理成本较多。

作为建设单位结构工程师，需要在熟悉结构设计规范与标准的基础上，合理管控结构设计工作，使设计成果达到安全与经济的合理平衡。

本案例由建设单位委托设计优化咨询单位进行全过程管理。设计优化咨询单位在方案设计过程中介入，全过程跟踪初步设计阶段、施工图设计阶段，在符合规范要求的前提下提出合理化建议，压缩不合理的安全余量，取得良好的经济效应（表 4.2-1）。

优化前后造价对比简表　　　　　　　　表 4.2-1

对比项	优化前	优化后	优化效果
总价（万元）	9167	8194	减少 973（11%）
1.方案阶段（万元）	2746	2539	减少 207（8%）
方案阶段优化方案——2 号楼	分缝	不分缝	—
2 号楼竖向构件优化——混凝土（m³/m²）	0.57	0.52	减少 0.05（9%）
2 号楼竖向构件优化——钢筋（kg/m²）	66.3	61.5	减少 4.8（7%）
2 号楼竖向构件优化——型钢（kg/m²）	13.5	12.4	减少 1.1（8%）
2.初步设计阶段（万元）	6421	5655	减少 766（12%）
1 号楼竖向构件优化——混凝土（m³/m²）	0.44	0.41	减少 0.03（7%）
1 号楼竖向构件优化——钢筋（kg/m²）	60	57.7	减少 2.3（4%）
1 号楼竖向构件优化——型钢（kg/m²）	9.8	3.6	减少 6.2（63%）
2 号楼转换柱内型钢优化（kg/m²）	12.4	5.5	减少 6.9（56%）

1. 基本情况

1）工程概况（表 4.2-2、表 4.2-3）

工程概况表　　　　　　　　表 4.2-2

工程地点	湖南省长沙市
开竣工时间	2019 年 7 月—2021 年 10 月
物业类型	中端高层
项目规模	总建筑面积 41.26 万 m²，其中：1 号楼公寓式办公楼约 6.15 万 m²，2 号楼公寓式办公楼约 3.5 万 m²，另有 8 栋高层住宅、13 栋叠拼别墅，塔楼以下为底层商业、地下室等配套建筑

续表

主屋面高度	1 号楼 198.1m，2 号楼 144.55m
标准层平面尺寸	1 号楼 49.5m×30.4m，2 号楼 51.4m×44.3m
层数	1 号楼地上 44 层、地下 2 层，2 号楼地上 31 层、地下 1 层
标准层层高	均为 4.5m

结构设计概况表　　　　　　　　　　　　　　　　表 4.2-3

高宽比	1 号楼 6.51，2 号楼 3.26
结构形式	1 号楼框架 - 核心筒，2 号楼部分框支剪力墙
设防烈度	6 度（丙类建筑）
超限情况	1 号楼高度超 A 级，2 号楼高度超 B 级
平面规则性	1 号楼位移比大于 1.2，2 号楼位移比大于 1.2，凹凸不规则
竖向规则性	1 号楼规则，2 号楼抗侧力构件不连续
嵌固端	1 号楼地下室顶板，2 号楼负二层顶板
抗震等级	1 号楼二级，2 号楼二层为转换层，底部加强部位（地下一层至四层）相关范围内关键构件抗震等级为特一级，非关键构件抗震等级为一级；五层及以上抗震等级为二级五层及以上抗震等级为二级
抗震性能目标	1 号楼 C，2 号楼 C

楼栋标准层平面图详见图 4.2-1、图 4.2-2，剖面图详见图 4.2-3。

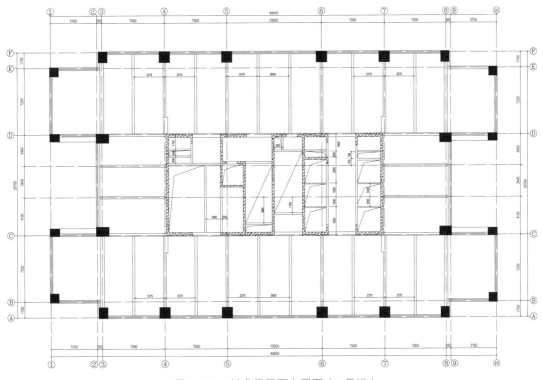

图 4.2-1　标准层平面布置图（1 号楼）

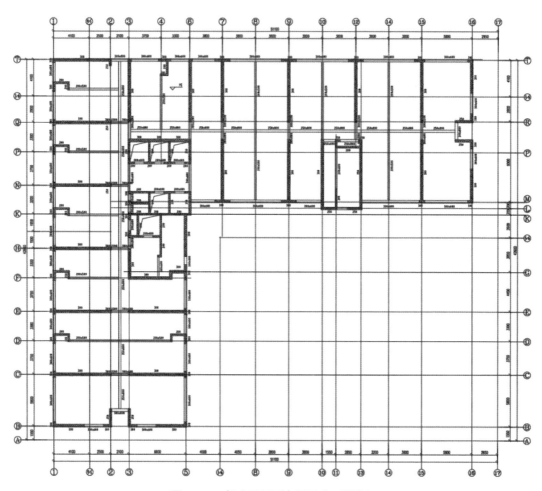

图 4.2-2　标准层平面布置图（2 号楼）

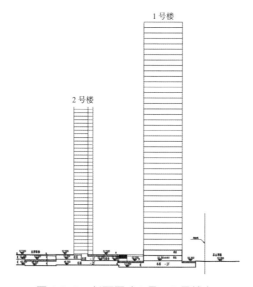

图 4.2-3　剖面图（1 号、2 号楼）

2）限制条件

本项目面临着时间上的限制，优化工作开始时，1 号楼的方案已经确定，2 号楼的方案设计在进行中。需要在 2019 年 5 月 20 日之前完成优化工作。

3）优化原因介绍

本案例是在集团统一组织下实施的优化。随着市场形势变化，行业利润率急剧下降，集团公司对成本管理提出了更高的要求。对于结构设计，要求设计部加强对设计单位成果的管控，在保证结构安全的前提下，降低非敏感性成本。

2. 优化过程与结果

本案例属于全过程优化。整个优化过程按不同设计阶段分为：方案设计、初步设计、施工图设计三个阶段。

在方案设计阶段，对 2 号楼是否进行结构分缝进行了分析，最终确定采用不分缝方案；在初步设计阶段，对荷载取值、结构布置进行了优化，降低了荷载，减小了墙柱截面尺寸；在施工图设计阶段，明确了配筋原则，减少后期变更。

1）方案阶段

在方案设计阶段，通过对 2 号楼结构分缝进行对比分析，与设计单位充分沟通，确定了不分缝的结构方案，顺利通过了超限评审，不仅降低成本 207 万元，而且提升了外立面效果。

（1）为避免进入超限审查而对 2 号楼进行分缝设计

2 号楼方案初期高度为 121.6m，结构方案为框架—剪力墙结构。结构高度小于 6 度区 A 级高度的限值 130m，在高度上不属于超限结构。但是因平面存在凹凸不规则，受建筑方案以及底部商业的限制，结构外围无法布置剪力墙或者斜撑等抗扭能力较强的结构构件，结构位移比、周期比均无法满足规范的限值，需要进行超限审查。

若进行结构超限审查，势必会延长设计周期，也会造成结构成本增加。经建设方设计管理部、成本部、工程部、设计院多次沟通、讨论，并咨询了有关专家，决定将 2 号楼中部位置分缝（图 4.2-4），排除凹凸不规则的情况，避免超限。

但在随后的建筑方案推进过程中，因建筑方案考虑 1、2 号楼的高度差别较大，视觉效果不好，将 2 号楼的高度提升为 144.55m，由此造成结构框架柱过大，影响建筑室内使用空间，如图 4.2-5 所示。考虑到产品的品质以及底部商业骑楼的效果，决定将 2 号楼调整为框支—剪力墙结构形式，调整后标准户型详见图 4.2-6，提高户内空间利用率。

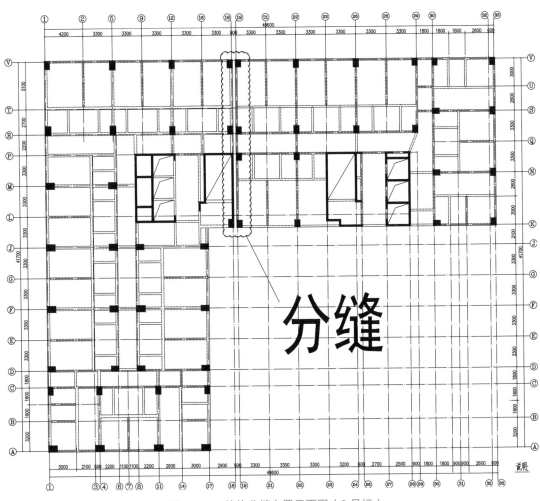

图 4.2-4　结构分缝布置平面图（2 号楼）

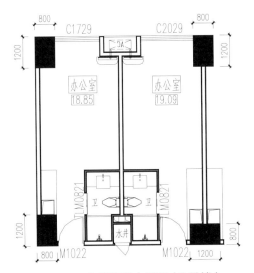

图 4.2-5　初期标准户型图（2 号楼）

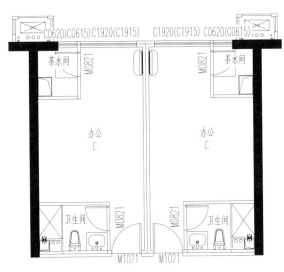

图 4.2-6　最终标准户型图（2 号楼）

在此基础上，设计院将结构布置调整为图 4.2-7 及图 4.2-8 所示。

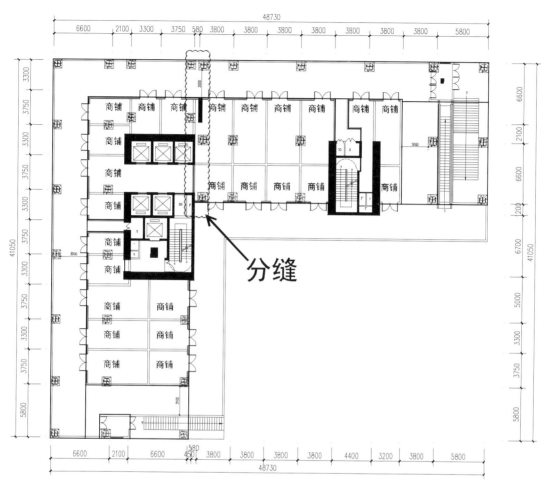

图 4.2-7　底部商业布置图（2 号楼）

由图 4.2-7、图 4.2-8 可知，设计院提供方案仍旧采用分缝的方式，将 2 号楼分为两部分，由此造成分缝处竖向构件重复设置、转换层以下核心筒墙体达到 800mm 厚（图 4.2-7），以满足转换层上下刚度比的要求。从设计院提供的模型看，2 号楼左侧部分增加核心筒墙体厚度后，减少商铺销售面积，同时加大了荷载和材料用量。右侧部分模型因无竖向交通核，其水平方向无法布置较厚的剪力墙，刚度比仍不满足规范要求。

（2）因 2 号楼建筑高度提升而超限，故取消结构缝方案

在此情况下，设计管理部提出"取消结构缝"的布置方案。既然本工程高度已经超过 B 级高度，必须进行结构超限审查情况下没必要再设置结构缝，那么只要控制结构不出现严重不规则的情况，是有可能通过结构超限审查的，并且现有建筑方案条件，已经没有了方案初期框剪结构边跨不能布置剪力墙的限制，有利于结构位移比及周期比的控制。与设计院充分沟通、校核后，将周期比控制在 0.85 以下，满足超过 A 级高度的结构扭转周期

比不大于 0.85，虽有（平面）凹凸不规则、位移比大于 1.2 等不规则情况，仍旧顺利通过超限审查。

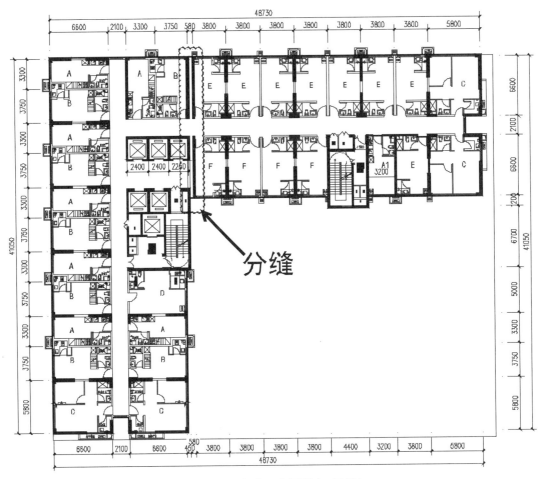

图 4.2-8　标准层布置图（2 号楼）

经此调整后，结构的高宽比，两方向的刚度均有所改善，经模型数据计算对比，结构成本优化见表 4.2-4，且取消分缝后，建筑外立面更加优美（表 4.2-5）。

分缝与不分缝方案对比表　　　　　　　　　　　　表 4.2-4

对比项	分缝	不分缝	说明
结构超限审查	需审查	需审查	均需审查
外立面效果	影响观感	不影响观感	不分缝方案的外立面效果佳
经济性	结构成本 2746 万元	结构成本 2539 万元	不分缝方案经济

本项目 2 号楼结构缝优化分析表　　　　　　　表 4.2-5

对比项		分缝	不分缝	差异	优化率
混凝土	总价（万元）	1092	1006	86	7.9%
	工程量（m³）	19855	18298	1557	7.8%
	含量（m³/m²）	0.57	0.52	0.05	8.8%
	综合单价（元/m³）	550	550	—	—
钢筋	总价（万元）	1206	1120	86	7.1%
	工程量（t）	2320	2153	167	7.2%
	含量（kg/m²）	66.3	61.5	4.8	7.2%
	综合单价（元/kg）	5.2	5.2	—	—
型钢	总价（万元）	447	413	34	7.6%
	工程量（t）	471	435	36	7.6%
	含量（kg/m²）	13.5	12.4	1.1	8.1%
	综合单价（元/kg）	9.5	9.5	—	—
合计	总价（万元）	2746	2539	207	7.5%
	单方指标单价（元/m²）	784	725	59	7.5%

2）初步设计阶段

方案设计完成后，在初步设计阶段通过荷载取值优化、结构布置优化来实施全过程优化管理，共降低成本 766 万元。

（1）荷载取值优化

设计管理部对设计单位提供的荷载取值进行详细的核对，减少荷载取值不合理造成的成本增加。经过荷载优化后，1、2 号楼总质量分别减少 7102t、4320t，减重约 5.1% 和 4.4%，为后续竖向构件形式及尺寸、桩基础的优化提供了必要条件。

①玻璃幕墙荷载

原设计采用荷载规范中的上限 1.5kN/m² 计算，取值 1.5×4.5=6.75（kN/m），初步判断该取值过大。经设计管理部与幕墙设计单位沟通后，一致认为本项目玻璃分隔为 900mm 宽，可采用 8mm 厚双层夹胶玻璃，则根据荷载规范 1.3×（0.008×26×2）×4.5=2.43（kN/m），最终确定为 2.5kN/m，降低了玻璃自重荷载 63%。

②后期加建夹层荷载

原设计按照 100mm 厚混凝土板、30mm 面层计算恒载，采用 3.2kPa 的恒载。设计管理部认为夹层采用轻钢结构满足结构刚度、强度及舒适度的要求，且能降低恒载，也能减小地震作用，对比不同轻钢结构优缺点后，选择采用天基板（钢骨架轻型板），此产品既保持了传统钢筋混凝土板安全度高、使用寿命长的优点，又满足了现代建筑对轻质、节能、环保的要求，恒载可取 2.5kPa，设计单位同意了此方案。降低了夹层自重荷载 22%。

（2）结构布置优化

本项目的结构布置、结构体系及计算参数等在方案设计阶段的优化工作中已经逐步确定，在最终的模型定型前，更多的是对结构构件的细化，比如 1 号楼竖向构件的截面优化、2 号楼转换构件的截面尺寸、混凝土等级、型钢截面尺寸等。

1 号楼在优化过程中，对竖向构件的截面变化问题，设计管理部与设计单位产生了分歧。

①设计单位认为：结构的第一周期已经达到 6.04s，超过了规范地震影响系数曲线周期的最大值 6s，因超越不多，专家勉强认可不需要进行特殊研究，如果再减小截面，周期肯定超过 6s 更多，无法和超限专家沟通。

②设计管理部优化意见为：将 1 号楼图 4.2-9 中云线内的核心筒内部墙体截面从 300mm 减至 250mm，两侧面从 350mm 减至 300mm，同时外围框架柱也逐步减小截面。经以上调整后，剪力墙刚度因与厚度成一次方关系，变化小，而结构质量减少引起的结构周期变化更明显，周期由原来的 6.04s 减少为 5.94s，在规范的最大值 6s 以内。并且叠合荷载的调整，使结构的组合柱使用高度减少 6 层，主要构件截面优化前后对比见表 4.2-6。

经设计单位详细验算，结构的第一周期在规范要求范围内，同意进行修改。图纸修改后总体材料用量变化见表 4.2-7，成本节约总计约 537 万元。

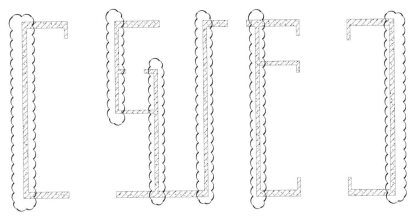

图 4.2-9　剪力墙收截面位置（1 号楼）

框架柱及核心筒上下两侧墙截面变化（1 号楼）　　　　　　表 4.2-6

模型中楼层	墙柱截面（mm）			
	原设计		优化后	
	柱	墙	柱	墙
24 层~屋面	1200×1200 混凝土柱	400	1000×1000 混凝土柱	400
13~23 层	1200×1400 混凝土柱	500	1200×1200 混凝土柱	400
7~12 层	1200×1400 组合柱	600	1200×1400 混凝土柱	500
1~6 层	1200×1400 组合柱	600	1200×1400 组合柱	600

由表 4.2-6 可见，优化后的墙柱截面减小，7 ~ 12 层的组合柱优化为混凝土柱。

竖向构件优化分析表（1 号楼） 表 4.2-7

材料	混凝土			钢筋			型钢			成本小计
	工程量	含量指标	综合单价	工程量	含量指标	综合单价	工程量	含量指标	综合单价	
	m³	m³/m²	元/m³	t	kg/m²	元/kg	t	kg/m²	元/kg	万元
原设计	27358	0.44	550	3692	60	5.2	600	9.8	9.5	3995
优化后	25501	0.41	550	3547	57.7	5.2	222	3.6	9.5	3458
差异	1857	0.03	550	145	2.3	5.2	378	6.2	9.5	537
优化金额	537 万元									
优化率	13.44%									

2 号楼节点优化主要为转换梁及转换柱的优化，优化前后转换柱内型钢尺寸见表 4.2-8；经过设计管理部核算，原设计尺寸为 1000mm × 1600mm 的转换梁中的型钢厚度由 30mm 减少为 16mm，仍然满足计算要求。

转换柱内型钢优化表 表 4.2-8

截面参数	柱截面（mm）		翼缘（mm）				腹板（mm）				含型钢率
	宽 B	高 H	宽 b_1	厚 t_1	宽 b_2	厚 t_2	高 h_1	厚 t_1	高 h_2	厚 t_2	
原设计	1000	1100	400	25	400	25	600	25	600	25	6.08%
	1200	1200	400	25	400	25	600	25	600	25	4.64%
	1100	1200	400	25	400	25	600	25	600	25	5.07%
优化后	1000	1100	300	20	300	20	550	20	550	20	4.00%
	1200	1200	350	20	350	20	800	20	800	20	4.03%
	1100	1200	350	20	350	20	700	20	700	20	4.09%

经计算，2 号楼优化前型钢使用量为 435t，优化后型钢使用量为 194t，节约型钢 241t，节省造价 229 万元（表 4.2-9）。

转换柱内型钢优化分析表 表 4.2-9

对比项	工程量	含量指标	综合单价	成本小计
	t	kg/m²	元/kg	万元
原设计	435	12.4	9.5	413
优化后	194	5.5	9.5	184
差异	241	6.9	0	229
优化金额	229 万元			
优化率	55.41%			

3）施工图设计阶段

在施工图设计阶段，设计管理部提出了配筋原则，虽然成本降低效果不明显，但是在时间维度上，缩短了施工图设计周期，减少了后期施工过程中的变更，同样对整个工程的经济性产生了无形的提升，这也是过程优化优于结果优化的特点。

过程优化不同于结果优化，即出图后再审查修改，需要在施工图绘制的前期，对施工图的绘制原则进行商定，确定配筋原则，以减少后续的改图步骤。

本项目在施工图绘制开始前，就已确定了《施工图绘制统一技术措施》，给出了各种构件的配筋原则。以板配筋原则为例，详见以下内容：

《施工图绘制统一技术措施》之板配筋原则

（1）楼板配筋采用分离式配筋，负筋的配筋长度为1/4楼板短边净跨。

（2）对地下室顶板、屋面板配筋为双层双向100～200mm并应满足最小配筋率要求，不够时附加钢筋，附加钢筋的间距可为贯通钢筋间距的 n 倍，并使附加钢筋与贯通钢筋的总配筋尽可能接近计算结果。

（3）异形板按有限元算法进行核算，并在楼板阳角处附加放射筋。

（4）板配筋间距可以采用多种间距，不宜仅考虑间距为100、150、200mm，间距模数取10mm。

（5）楼板支座钢筋架立筋采用 $\phi 6mm@250mm$，单向板非受力方向底筋为受力筋面积的15%且不小于板截面面积的0.15%。

（6）楼板采用HRB400级钢筋，其最小配筋原则如表4.2-10所示。

板配筋原则 表4.2-10

部位	混凝土强度等级	板厚						
		100mm	110mm	120mm	130mm	140mm	150mm	180mm
底筋	C25	$\phi 6mm@$ 150mm	$\phi 6mm@$ 160mm	$\phi 6mm@$ 140mm	$\phi 6mm@$ 130mm	$\phi 6mm@$ 125mm	$\phi 6mm@$ 110mm	$\phi 10mm@$ 170mm
	C30	$\phi 6mm@$ 150mm	$\phi 6mm@$ 140mm	$\phi 6mm@$ 130mm	$\phi 6mm@$ 120mm	$\phi 6mm@$ 110mm	$\phi 8mm@$ 180mm	$\phi 10mm@$ 170mm
	C35	$\phi 6mm@$ 140mm	$\phi 6mm@$ 130mm	$\phi 6mm@$ 120mm	$\phi 6mm@$ 110mm	$\phi 8mm@$ 180mm	$\phi 8mm@$ 170mm	$\phi 10mm@$ 170mm
面筋	C25～C55	$\phi 8mm@$ 200mm	$\phi 8mm@$ 200mm	$\phi 8mm@$ 200mm	$\phi 8mm@$ 190mm	$\phi 8mm@$ 180mm	$\phi 8mm@$ 170mm	$\phi 10mm@$ 170mm

注：180mm厚板时是转换层、嵌固端。

对于 2 号楼，由于抗震等级变化较多，竖向构件类型较多，在绘图前给出竖向构件各区段的详细配筋原则，在源头上避免后期图纸质量的不可控。2 号楼竖向构件配筋原则如下：

《施工图绘制统一技术措施》之竖向构件配筋原则

1）二级构造边缘构件，33.600m（建筑七层楼面）至 139.200m（建筑屋面层楼面），对于 B 级高度建筑的要求，按《高层建筑混凝土结构技术规程》JGJ 3—2010 89 页（第 7.2.16-4 条）规定执行：

（1）竖向钢筋最小要求：$0.007A_c$（0.7%），且 $\phi 6mm@120mm$ 取大值；

（2）箍筋要求：最小直径 8mm，最大间距 150mm，λ_v 不宜小于 0.1，本项目取 0.12；C50 体积配箍率：$0.12f_c/f_{yv}=0.12\times 26/360=0.877\%$；C60 体积配箍率：$0.12f_c/f_{yv}=0.12\times 27.5/360=0.926\%$。

2）一级过渡层约束边缘构件，24.600m（建筑五层楼面）至 33.600m（建筑七层楼面），对于 B 级高度建筑的要求，《高层建筑混凝土结构技术规程》JGJ 3—2010 86 页（第 7.2.14—3 条）规定：过渡层边缘构件的箍筋配置可低于约束边缘构件的要求，但应高于构造边缘构件的要求。竖向钢筋最小要求：1.2%，且 8 Φ 16，取大值；过渡层约束边缘构件体积配箍率：$0.2f_c/f_{yv}=0.2\times 27.5/360=1.527\%$，$A_c$=0.2（不考虑放大 20%）。

3）特一级约束边缘构件，基础面 24.600m（建筑五层楼面），竖向钢筋最小要求：1.4%，或 8 Φ 16 取大值；约束边缘构件体积配箍率：$(0.2+0.2\times 20\%)f_c/f_{yv}=0.24\times 27.5/360=1.833\%$。

以上原则性的意见，在施工图设计过程中，均得到了有效的落实，提高了图纸的质量，减少了后期施工图的修改。

4）最终优化结果

本项目通过跟踪设计，从方案设计阶段入手，直至施工图设计完成，通过优化降低成本 973 万元，取得了良好的经济效果，同时提高了设计的可施工性。整个项目经过优化后，可量化的成本降低金额约 2169 万元，而其他无法量化的优化效益，为整个项目的成本节省也提供了良好的基础条件（表 4.2-11、表 4.2-12）。

本项目最终在 2019 年 6 月全部通过施工图审查，并在集团的评分系统中获得 2019 年上半年项目评审的优秀项目，施工也如期完成。

优化前后造价对比表

表 4.2-11

对比项	优化前	优化后	优化效果
方案阶段	2746 万元	2539 万元	减少 207 万元，优化 7.5%
初步设计阶段	6421 万元	5655 万元	减少 766 万元，优化 11.9%
小计	9167 万元	8194 万元	减少 973 万元，优化 10.6%

优化前后结构含量对比表

表 4.2-12

名称	单位	1 号楼		2 号楼	
		优化前	优化后	优化前	优化后
层高		198.1m		144.55m	
结构形式		框架 - 核心筒		框架 - 剪力墙结构（部分框支剪力墙）	
混凝土含量	m^3/m^2	0.44	0.41	0.57	0.52
钢筋含量	kg/m^2	60	57.7	66.3	61.5
型钢含量	kg/m^2	9.8	3.6	13.5	5.5

3. 经验教训总结

1）可以总结的经验

（1）管理上

①要提前介入设计，从前端进行管控。本案例中，设计管理部对设计单位提供的荷载取值进行核对，对不合理的荷载取值进行优化，降低了结构自重，从结构设计的源头进行管控，为后续竖向构件优化及桩基础的优化提供好的基础条件。

②过程中要全面复核各阶段设计成果。本案例中，设计管理部人员提出了"取消结构分缝"方案，并通过对荷载取值、结构布置进行优化，取得了良好的经济效果。

③尽可能将部分设计工作标准化，或提出具体要求。在本案例中，施工图设计前，建设单位通过设计优化咨询公司为设计单位提供了《施工图绘制统一技术措施》，规定了各类构件的精细化设计要求，既控制了成本，又方便了设计出图。

（2）技术上

暂无。

2）可以改进的地方

（1）管理上

本项目在 1 号楼方案已确定的情况下开始优化，导致 1 号楼结构形式未经过优化，目前的结构形式并非最优方案。建议将新项目的优化工作在方案设计阶段同步进行，以便在前期结构方案讨论时进行多方案比较，选择更优方案。

（2）技术上

暂无。

2014年8月20日，胡卫波建了一个微信公众号"地产成本圈"，用于写学习笔记。从那天开始，我们在"地产成本圈"一起只聊专业，我发原创、你留言、我回复。后来，我们建立了几个成本优化交流群，这样的互动性更好，有人提问、求助，有人解答、分享。这一聊，我们聊了快十年了。

这十年，环境发生了很大的变化。十年前，我们在拿地前定的销售净利润率目标还是15%，而现在极力地扭亏为盈。2019年7月，我们的第一本书《建设工程成本优化》还在谈房地产开发行业的发展进入了白银时代，而现在到了黑铁时代甚至塑料时代。前几年还觉得"活下去"不是问题，而过去的这三年疫情让我们赖以生存的行业加速变革。此时此刻，越来越多的同行的工作岗位被优化或选择了转行，企业和个人同感一样的艰难。我们所关注的成本优化也从可有可无的备选项提升到了事关企业生死、事关个人存留的必选项。从普遍关注结构设计优化，扩展到后来的全专业设计优化，再扩展到全成本优化，更有标杆企业从成本优化掘金行动升级到成本归零行动。这个势头下，房地产行业的成本管理加速回归到了成本的本位——成本领先战略，波特三大竞争战略之一。

这十年，我们之间也有了一些变化。我们坚持写了几年公众号原创文章，现在已经累积了近300篇原创性专业总结，到了厚积薄发的时间点了。2017年8月20日，在地产成本圈创建三周年之际，我们推出第一本成本内刊《三周年纪念刊》，并尝试出书和卖书。一本小册子，竟然受到大家的喜爱和争相阅读，我还记得有一位朋友发到书友群里的照片——午休时间，办公室，座椅朝窗外，一位同行手拿《三周年纪念刊》……到2018年12月28日，我们推出了第十一本成本内刊《成本优化》，很多同行在收到书后给予了我们反馈，或批评或赞赏，给予了我们继续写的力量。2019年6月30日，在十八位同行的共同编写下，《成本优化》升级为出版物——《建设工程成本优化》。这本书最大的特点是：聚焦行业核心问题，助力企业降本增效。但在对案例的分析环节，系统性组织和对经验教训的挖掘深度都还有很大差距，远远没有带给读者身临其境的阅读之感……这十年，我们既爱看每天都有的公众号原创文章，也喜欢经过系统梳理、严谨审核之后的专业书籍，或在地铁上，或在办公室里。这十年，我们已然走在终身学习的路上。

我们说好要出续集的，但这一等就是四年，间断的时间确实太久了，几乎快要忘记了这个任务。这四年，我们在困难面前偏离了"做成本优化、提质降本增效"这条主线，花了一年时间编写了《房地产开发项目招标采购案例实录》的上册，也耗尽了一些余款。终于，成本优化的课程被开发出来了，让我们通过讲课积累了一些费用，更是借机思考了成本优化的系统性解决方案这一课题。这里特别要感谢中铁建设集团、云南省建设投资控股集团、华侨城中部集团、深圳泰富华集团、厦门安居控股集团、皖新文化产业投资集团等客户和朋友的信任。借这几次的培训之机，经过这一次一次的课程策划和设计、讲解与复盘，对"做成本优化、提质降本增效"的思考也越来越系统化和实战化。终于触动了我们重拾初心、回归主线，开始了续集的出版行动。

2022 年 10 月 27 日，在这样的大环境和课程需求之下，我们重新启动了《建设工程成本优化》第二辑的编写。在与出版社王砾瑶老师的沟通中，渐渐确定了先写案例分析系列上中下三册的计划。后在选题申报过程中又收到了出版社总编的意见，于是形成了现在的这个系统的、庞大的出版计划——按专业划分几大专业分册，每一个专业分册按上中下分三册来组织编写。且严格控制成本，每一册书只收录十二个案例，二百面左右，以便做到两杯咖啡的价格就可以买一本书。

2023 年 2 月 14 日，我们的样书出来了，分寄审核专家们进行了样书的审核和把关。2023 年 5 月 20 日，在这个表爱的日子，我们向出版社交付了第一册书稿……

六年前，地产成本圈发表了《你，不是一个人在战斗！》。唐艳总监的这篇文章鼓舞了成千上万的同仁。在文章的后面，有一位铁粉留言"如果 10 年前有这样互相交流的平台就好了！"是啊，要是在我刚毕业时就有这样的原创性知识分享平台，有着这么多同行们的工作心得和经验分享，我的人生又会是什么样子呢？今天，重读这篇文章，我受到一种无形的鞭策！我，不是一个人在战斗！我们的读者们这十年间看了我们近 300 篇的原创分享，我们的作者们更是深夜埋头敲打键盘，累计已经敲出了近 200 万字。这里面发生的变化，实践在总结后的价值，知识在应用后的发酵，会有什么样的新的发酵，实难预测。如果要将"做成本优化、提质降本增效"的知识分享进行到底，并有更新的生命，我们必须改变，必须做优化——首当其冲的是我们编委会的组织结构，所以大家看到了现在编委会的样子，胡卫波和赵丰老师变身丛书主编，只负责丛书的前期策划和总体把控；我们原来的作者、副主编，现在开始独当一面担当各个专业分册的主编；更多的作者担当副主编，更多的读者写起来了，变为作者。

四年前，我在孙芳垂前辈的著作《建筑结构设计优化案例分析》中读到了这一篇序——《将结构优化进行到底》。案例，有一个好处就是实战、具体，不是空话，因为具体所以有相同的情况也许可以依葫芦画瓢，直接应用到工作上，为企业提质降本增效；也因具体而有个性化特点，不够抽象，难以被广泛应用。难，代表还是可以被举一反三、融会贯通。如果能通过看一本案例书、弄懂案例中的来龙去脉、想象出案例中隐而未见的过程，那么，我们就能够透过冰山上这可见的 20% 获得冰山下属于自己的 80%。我们下一个系列丛书，正在尝试解决这一问题。将优化进行到底！

我们不想停下来，怕忘记了自己是一个工程师！不管是写书的作者，还是看书的读者，我们以不同的方式，在不同的时间和空间上，为了专业理想而取长补短、日益精进。我们不能停下来，切问问于己学未悟之事，近思思于己历未能之事。终身学习、与时俱进……

"不管是辉煌的经历还是低落的岁月，

也不管当年是职场小白还是老司机，

这些曾经脑海里的澎湃，

随着时间的推移，

新事物的更替将被淡化，

唯有印染墨香的文字是当年最真实的记载！"

（by 袁满招）

无以表达我们对专业的热爱，唯聘文字为媒，让它记录你和我曾经枯燥地只聊专业，曾经在专业上熬过的夜。

让经历发挥更大价值——专业分享、提升自己、惠及同行。

成本书殿系列丛书主编

2023 年 5 月 20 日

附录2　优化类相关书籍（本书编写参考文献）

优化类相关书籍（本书编写参考文献）

序	结构优化相关著作	作者	出版时间
1	《优选法平话及其补充》	华罗庚	1971 年
2	《结构的优化设计》	李柄威	1979 年
3	《结构最优设计》	侯昶	1979 年
4	《工程结构优化设计》	钱令希	1983 年
5	《工程结构设计优化基础》	陈耿东	1983 年
6	《结构优化设计》	江爱川	1986 年
7	《土建结构优化设计》（第二版）	张炳华、侯昶	1998 年
8	《工程结构与系统抗震优化设计的实用方法》	王光远	1999 年
9	《工程结构优化设计》	蔡新	2003 年
10	《钢筋混凝土非线性有限元及其优化设计》	宋天霞、黄荣杰、杜太生	2003 年
11	《混凝土面板堆石坝结构分析及优化设计》	蔡新	2005 年
12	《给水排水管网工程设计优化与运行管理》	伊学农、任群、王国华、王雪峰	2007 年
13	《结构优化设计》	白新理	2008 年
14	《多高层钢筋结构设计优化与合理构造》	李国胜	2009 年
15	《建筑结构设计优化案例分析》	孙芳垂、汪祖培、冯康曾	2010 年
16	《工程结构优化设计》	钱令希	2011 年
17	《钢筋混凝土结构模型试验与优化设计》	赵顺波、管俊峰、李晓克	2011 年
18	《场地规划设计成本优化》	赵晓光	2011 年
19	《桩基优化设计与施工新技术》	顾国荣、张剑锋等	2011 年
20	《建筑结构设计优化及实例》	徐传亮、光军	2012 年
21	《工程结构优化设计基础》	程耿东	2012 年
22	《多高层钢筋结构设计优化与合理构造》（2.0 版）	李国胜	2012 年
23	《结构优化设计：探索与进展》	王栋	2013 年
24	《拉索预应力网格结构的分析理论、施工控制与优化设计》	周臻、孟少平、吴京	2013 年
25	《工程结构不确定优化设计技术》	邱志平、王晓军、许孟辉	2013 年
26	《结构优化设计方法与工程应用》	白新理、马文亮	2015 年
27	《工程结构优化设计方法与应用》	柴山、尚晓江、刚宪约	2015 年
28	《创新思维结构设计》	程懋堃	2015 年
29	《寻绿——结构师设计优化笔记》	立生	2015 年

续表

序	结构优化相关著作	作者	出版时间
30	《超高层混合结构地震损伤的多尺度分析与优化设计》	郑山锁、侯丕吉、王斌、李磊	2015 年
31	《房地产·建筑设计成本优化管理》	侯龙文	2016 年
32	《建筑结构优化设计方法及案例分析》	李文平	2016 年
33	《高层建筑结构优化设计方法、案例及软件应用》	焦柯、吴义勇	2016 年
34	《我的优化创新努力》（中国工程院院士传记系列丛书）	江欢成	2017 年
35	《建筑结构优化设计实务》	范幸义	2018 年
36	《结构优化设计方法》	赵军	2018 年
37	《零能耗居住建筑多目标优化设计方法研究》	吴伟东	2018 年
38	《结构优化设计——探索与进展》（2.0 版）	王栋	2018 年
39	《建设工程成本优化——基于全寿命期的价值管理》	地产成本圈	2019 年
40	《装配式建筑——如何把成本降下来》	许德民	2019 年
41	《装配式建筑——甲方管理问题分析与对策》	张岩	2020 年
42	《装配式建筑——设计问题分析与对策》	王炳洪	2020 年
43	《装配式建筑——构件制作管理问题分析与对策》	张健	2020 年
44	《装配式建筑——施工问题分析与对策》	杜常岭	2020 年
45	《装配式建筑全成本管理指南》	地产成本圈	2020 年
46	《房地产开发项目招标采购案例实录（上册）》	地产成本圈	2021 年